U0328891

信仰·疾病·场所：汉唐时期疾病与环境观念探微

胡梧挺 著

黑龙江人民出版社

1084-8

548 >

元

黑龙江人民出

国家出版基金资助项目

现代数学中的著名定理纵横谈丛书

丛书主编　王梓坤

LAX THEOREM AND ARTIN THEOREM

Lax定理和Artin定理

戴执中　佩捷　编著

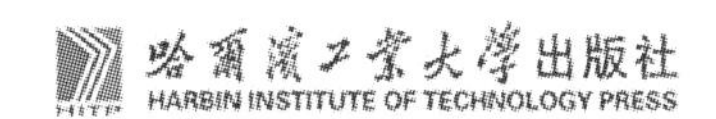

内容简介

本书通过一道 IMO 试题研究讨论拉克斯定理和阿廷定理，并着重介绍了希尔伯特第十七问题.

本书可供从事这一数学分支或相关学科的数学工作者、大学生以及数学爱好者研读.

图书在版编目(CIP)数据

Lax 定理和 Artin 定理/戴执中，佩捷编著. —哈尔滨：哈尔滨工业大学出版社，2017.8

(现代数学中的著名定理纵横谈丛书)

ISBN 978－7－5603－6689－0

Ⅰ.①L… Ⅱ.①戴…②佩… Ⅲ.①希尔伯特问题—研究 Ⅳ.①O177.1

中国版本图书馆 CIP 数据核字(2017)第 136894 号

策划编辑　刘培杰　张永芹
责任编辑　张永芹　杜莹雪
封面设计　孙茵艾
出版发行　哈尔滨工业大学出版社
社　　址　哈尔滨市南岗区复华四道街 10 号　邮编 150006
传　　真　0451－86414749
网　　址　http://hitpress.hit.edu.cn
印　　刷　牡丹江邮电印务有限公司
开　　本　787mm×960mm　1/16　印张 11.25　字数 116 千字
版　　次　2017 年 8 月第 1 版　2017 年 8 月第 1 次印刷
书　　号　ISBN 978－7－5603－6689－0
定　　价　78.00 元

⊙ 代

读书的乐趣

你最喜爱什么——书籍.

你经常去哪里——书店.

你最大的乐趣是什么——读书.

这是友人提出的问题和我的回答.真的,我这一辈子算是和书籍,特别是好书结下了不解之缘.有人说,读书要费那么大的劲,又发不了财,读它做什么?我却至今不悔,不仅不悔,反而情趣越来越浓.想当年,我也曾爱打球,也曾爱下棋,对操琴也有兴趣,还登台伴奏过.但后来却都一一断交,“终身不复鼓琴”.那原因便是怕花费时间,玩物丧志,误了我的大事——求学.这当然过激了一些.剩下来唯有读书一事,自幼至今,无日少废,谓之书痴也可,谓之书橱也可,管它呢,人各有志,不可相强.我的一生大志,便是教书,而当教师,不多读书是不行的.

读好书是一种乐趣,一种情操;一种向全世界古往今来的伟人和名人求教的方法，一种和他们展开讨论的方式；一封出席各种活动、体验各种生活、结识各种人物的邀请信；一张迈进科学宫殿和未知世界的入场券；一股改造自己、丰富自己的强大力量．书籍是全人类有史以来共同创造的财富，是永不枯竭的智慧的源泉．失意时读书，可以使人重整旗鼓；得意时读书，可以使人头脑清醒；疑难时读书，可以得到解答或启示；年轻人读书，可明奋进之道；年老人读书，能知健神之理．浩浩乎！洋洋乎！如临大海，或波涛汹涌，或清风微拂，取之不尽，用之不竭．吾于读书，无疑义矣，三日不读，则头脑麻木，心摇摇无主．

潜能需要激发

我和书籍结缘，开始于一次非常偶然的机会．大概是八九岁吧，家里穷得揭不开锅，我每天从早到晚都要去田园里帮工．一天，偶然从旧木柜阴湿的角落里，找到一本蜡光纸的小书，自然很破了．屋内光线暗淡，又是黄昏时分，只好拿到大门外去看．封面已经脱落，扉页上写的是《薛仁贵征东》．管它呢，且往下看．第一回的标题已忘记，只是那首开卷诗不知为什么至今仍记忆犹新：

日出遥遥一点红，飘飘四海影无踪．

三岁孩童千两价，保主跨海去征东．

第一句指山东，二、三两句分别点出薛仁贵（雪、人贵）．那时识字很少，半看半猜，居然引起了我极大的兴趣，同时也教我认识了许多生字．这是我有生以来独立看的第一本书．尝到甜头以后，我便千方百计去找书，向小朋友借，到亲友家找，居然断断续续看了《薛丁山征西》《彭公案》《二度梅》等，樊梨花便成了我心中的女英雄.我真入迷了.从此,放牛也罢,车水也罢,我总要带一本书,还练出了边走田间小路边读书的本领,读得津津有味,不知人间别有他事.

当我们安静下来回想往事时,往往会发现一些偶然的小事却影响了自己的一生.如果不是找到那本《薛仁贵征东》,我的好学心也许激发不起来.我这一生,也许会走另一条路.人的潜能,好比一座汽油库,星星之火,可以使它雷声隆隆、光照天地;但若少了这粒火星,它便会成为一潭死水,永归沉寂.

抄,总抄得起

好不容易上了中学,做完功课还有点时间,便常光顾图书馆.好书借了实在舍不得还,但买不到也买不起,便下决心动手抄书.抄,总抄得起.我抄过林语堂写的《高级英文法》,抄过英文的《英文典大全》,还抄过《孙子兵法》,这本书实在爱得狠了,竟一口气抄了两份.人们虽知抄书之苦,未知抄书之益,抄完毫末俱见,一览无余,胜读十遍.

始于精于一,返于精于博

关于康有为的教学法,他的弟子梁启超说:“康先生之教,专标专精、涉猎二条,无专精则不能成,无涉猎则不能通也.”可见康有为强烈要求学生把专精和广博(即“涉猎”)相结合.

在先后次序上,我认为要从精于一开始.首先应集中精力学好专业,并在专业的科研中做出成绩,然后逐步扩大领域,力求多方面的精.年轻时,我曾精读杜布(J. L. Doob)的《随机过程论》,哈尔莫斯(P. R. Halmos)的《测度论》等世界数学名著,使我终身受益.简言之,即“始于精于一,返于精于博”.正如中国革命一样,必须先有一块根据地,站稳后再开创几块,最后连成一片.

丰富我文采,澡雪我精神

辛苦了一周,人相当疲劳了,每到星期六,我便到旧书店走走,这已成为生活中的一部分,多年如此.一次,偶然看到一套《纲鉴易知录》,编者之一便是选编《古文观止》的吴楚材.这部书提纲挈领地讲中国历史,上自盘古氏,直到明末,记事简明,文字古雅,又富于故事性,便把这部书从头到尾读了一遍.从此启发了我读史书的兴趣.

我爱读中国的古典小说,例如《三国演义》和《东周列国志》.我常对人说,这两部书简直是世界上政治阴谋诡计大全.即以近年来极时髦的人质问题(伊朗人质、劫机人质等),这些书中早就有了,秦始皇的父亲便是受害者,堪称"人质之父".

《庄子》超尘绝俗,不屑于名利.其中"秋水""解牛"诸篇,诚绝唱也.《论语》束身严谨,勇于面世,"己所不欲,勿施于人",有长者之风.司马迁的《报任少卿书》,读之我心两伤,既伤少卿,又伤司马;我不知道少卿是否收到这封信,希望有人做点研究.我也爱读鲁迅的杂文,果戈理、梅里美的小说.我非常敬重文天祥、秋瑾的人品,常记他们的诗句:"人生自古谁无死,留取丹心照汗青""休言女子非英物,夜夜龙泉壁上鸣".唐诗、宋词、《西厢记》《牡丹亭》,丰富我文采,澡雪我精神,其中精粹,实是人间神品.

读了邓拓的《燕山夜话》,既叹服其广博,也使我动了写《科学发现纵横谈》的心.不料这本小册子竟给我招来了上千封鼓励信.以后人们便写出了许许多多的“纵横谈”.

从学生时代起,我就喜读方法论方面的论著.我想,做什么事情都要讲究方法,追求效率、效果和效益,方法好能事半而功倍.我很留心一些著名科学家、文学家写的心得体会和经验.我曾惊讶为什么巴尔扎克在51年短短的一生中能写出上百本书,并从他的传记中去寻找答案.文史哲和科学的海洋无边无际,先哲们的明智之光沐浴着人们的心灵,我衷心感谢他们的恩惠.

读书的另一面

以上我谈了读书的好处,现在要回过头来说说事情的另一面.

读书要选择.世上有各种各样的书:有的不值一看,有的只值看20分钟,有的可看5年,有的可保存一辈子,有的将永远不朽.即使是不朽的超级名著,由于我们的精力与时间有限,也必须加以选择.决不要看坏书,对一般书,要学会速读.

读书要多思考.应该想想,作者说得对吗?完全吗?适合今天的情况吗?从书本中迅速获得效果的好办法是有的放矢地读书,带着问题去读,或偏重某一方面去读.这时我们的思维处于主动寻找的地位,就像猎人追找猎物一样主动,很快就能找到答案,或者发现书中的问题.

有的书浏览即止,有的要读出声来,有的要心头记住,有的要笔头记录.对重要的专业书或名著,要勤做笔记,“不动笔墨不读书”.动脑加动手,手脑并用,既可加深理解,又可避忘备查,特别是自己的灵感,更要及时抓住.清代章学诚在《文史通义》中说:“札记之功必不可少,如不札记,则无穷妙绪如雨珠落大海矣.”

许多大事业、大作品,都是长期积累和短期突击相结合的产物.涓涓不息,将成江河;无此涓涓,何来江河?

爱好读书是许多伟人的共同特性,不仅学者专家如此,一些大政治家、大军事家也如此.曹操、康熙、拿破仑、毛泽东都是手不释卷,嗜书如命的人.他们的巨大成就与毕生刻苦自学密切相关.

王梓坤

目录

一道 IMO 试题与希尔伯特问题

第 1 章

1.1 试题及证明

1971 年在捷克斯洛伐克举行的第 13 届 IMO 中,第一题是匈牙利提供的.

试题 设 $n(n>2)$ 是自然数,证明下述论断仅当 $n=3$ 和 $n=5$ 时成立;对任意实数 $a_1,a_2,\cdots,a_n$ 都有

$$(a_1-a_2)(a_1-a_3)\cdots(a_1-a_n)+(a_2-a_1)(a_2-a_3)\cdots(a_2-a_n)+\cdots+(a_n-a_1)(a_n-a_2)\cdots(a_n-a_{n-1})\geqslant 0$$

许多题解都给出了以下的解答.

解 当 $n=3$ 时,由于

$$\begin{aligned}&(a_1-a_2)(a_1-a_3)+(a_2-a_1)(a_2-a_3)+(a_3-a_1)(a_3-a_2)\\&=\frac{1}{2}\{[(a_1-a_2)(a_1-a_3)+(a_2-a_1)(a_2-a_3)]+[(a_2-a_1)\cdot(a_2-a_3)+(a_3-a_1)(a_3-a_2)]+[(a_3-a_1)(a_3-a_2)+(a_1-a_3)(a_1-a_2)]\}\\&=\frac{1}{2}[(a_1-a_2)^2+(a_2-a_3)^2+(a_3-a_1)^2]\\&\geqslant 0\end{aligned}$$

因而论断成立.

当 $n=5$ 时,由于

$$
\begin{aligned}
&(a_1-a_2)(a_1-a_3)(a_1-a_4)(a_1-a_5)+\\
&(a_2-a_1)(a_2-a_3)(a_2-a_4)(a_2-a_5)+\\
&(a_3-a_1)(a_3-a_2)(a_3-a_4)(a_3-a_5)+\\
&(a_4-a_1)(a_4-a_2)(a_4-a_3)(a_4-a_5)+\\
&(a_5-a_1)(a_5-a_2)(a_5-a_3)(a_5-a_4)
\end{aligned}
\tag{1.1.1}
$$

是关于 a_1,a_2,a_3,a_4,a_5 的对称式,故不妨假设 $a_1\geqslant a_2\geqslant a_3\geqslant a_4\geqslant a_5$,于是

$$
\begin{aligned}
&a_1-a_2=-(a_2-a_1)\geqslant 0\\
&a_1-a_3\geqslant a_2-a_3\geqslant 0\\
&a_1-a_4\geqslant a_2-a_4\geqslant 0\\
&a_1-a_5\geqslant a_2-a_5\geqslant 0
\end{aligned}
$$

从而

$$
\begin{aligned}
&(a_1-a_2)(a_1-a_3)(a_1-a_4)(a_1-a_5)+\\
&(a_2-a_1)(a_2-a_3)(a_2-a_4)(a_2-a_5)\geqslant 0
\end{aligned}
\tag{1.1.2}
$$

类似地,有

$$
\begin{aligned}
&(a_4-a_1)(a_4-a_2)(a_4-a_3)(a_4-a_5)+\\
&(a_5-a_1)(a_5-a_2)(a_5-a_3)(a_5-a_4)\geqslant 0
\end{aligned}
\tag{1.1.3}
$$

又因为

$$
a_3-a_1\leqslant 0,a_3-a_2\leqslant 0
$$

$$
a_3-a_4\geqslant 0,a_3-a_5\geqslant 0
$$

所以

$$(a_3-a_1)(a_3-a_2)(a_3-a_4)(a_3-a_5)\geqslant 0 \tag{1.1.4}$$

将(1.1.2),(1.1.3),(1.1.4)相加便可知(1.1.1)非负,即对 $n=5$ 论断成立.

当 $n=4$ 时,取 $a_1=-1,a_2=a_3=a_4=0$,则有

$$\begin{aligned}&(a_1-a_2)(a_1-a_3)(a_1-a_4)+\\&(a_2-a_1)(a_2-a_3)(a_2-a_4)+\\&(a_3-a_1)(a_3-a_2)(a_3-a_4)+\\&(a_4-a_1)(a_4-a_2)(a_4-a_3)=-1<0\end{aligned}$$

即对 $n=4$ 论断不成立.

当 $n>5$ 时,取 $a_1=a_2=\cdots=a_{i-1}=0;a_i=1;a_{i+1}=\cdots=a_n=2$,其中 $3\leqslant i\leqslant n-2$,则有

$$\begin{aligned}&(a_1-a_2)(a_1-a_3)\cdots(a_1-a_n)+\cdots+\\&(a_i-a_1)(a_i-a_2)\cdots(a_i-a_{i+1})\cdots(a_i-a_n)+\\&(a_n-a_1)(a_n-a_2)\cdots(a_n-a_{n-1})=(-1)^{n-i}\end{aligned}$$

于是,当 $n(n>5)$ 为奇数时,取 $i=n-3$,有

$$(-1)^{n-i}=(-1)^3=-1<0$$

当 $n(n>5)$ 为偶数时,取 $i=3$,有

$$(-1)^{n-i}=(-1)^{n-3}=-1<0$$

因此,当 $n>5$ 时,论断不成立.

1.2　$n=3,5$ 的确定

如果我们将试题换一种提法,改为:

设 $n \in \mathbf{N}, x_1, \cdots, x_n$ 为 n 个变量,定义

$$A_n(x_1, \cdots, x_n) = \sum_{i=1}^{n} \prod_{\substack{j=1 \\ j \neq i}}^{n} (x_i - x_j)$$

试问对哪些 n 值,A_n 是正定的?

显然由前面的证明可知问题的答案为 $n=3$ 和 5,但这两个值是如何想到的呢?我们先来介绍几个多项式的概念.

定义 1.2.1 设 $f(x_1, \cdots, x_n)$ 是实系数多项式,f 的每个单项式有形式 $a x_1^{r_1} x_2^{r_2} \cdots x_n^{r_n}$,其中 a 为非零实数,我们称这个单项式的次数为 $r_1 + r_2 + \cdots + r_n$,而对于变量 x_i 的次数为 $r_i (1 \leqslant i \leqslant n)$. 多项式 f 的次数,同样的是 f 包含的所有单项式对 x_i 的次数的最大值叫作 f 对 x_i 的次数.

例如 $f(x_1, x_2, x_3) = x_1^3 + x_2^3 + x_3^2 + x_1 x_2 x_3^2$ 的次数为 4,而对 x_1, x_2, x_3 的次数分别为 3,3,2.

定义 1.2.2 若 f 中每个单项式的次数均为 m,则 f 叫作 m 次齐次多项式.

定义 1.2.3 一个多项式以 $a_1, \cdots, a_n$ 为实系数,若对任意实数 $x_1, \cdots, x_n$,必有 $f(x_1, \cdots, x_n) \geqslant 0$,则称 $f(x_1, \cdots, x_n)$ 是正定的.

我们可以证明以下定理.

定理 正定齐次多项式的次数必为偶数.

为此先证明一个引理.

引理 设 $f(x_1, \cdots, x_n)$ 是实系数非零多项式,则必存在 n 个实数 $a_1, \cdots, a_n$,使得 $f(a_1, \cdots, a_n) \neq 0$.

证明　我们用数学归纳法.

(i)当 $n=0$ 时,f 为常数 a,由假设知 $a\neq 0$,于是知此时引理成立.

(ii)当 $n=1$ 时,$f\triangleq f(x)$ 是非零多项式,它的实数根只有有限多个(由代数基本定理知其个数不超过 f 的次数). 因此除这有限多个实数外,一定存在一个实数 a_1,使得 $f(a_1)\neq 0$.

(iii)假设引理对 $n=k+1$ 时成立,往证 $n=k$ 时也成立.

令 $k=2$,如果 $f(x_1,\cdots,x_k)$ 中不出现 x_k,则可化为 $k-1$ 的情形,由归纳假设知引理成立. 现设 f 中出现 x_k,于是可将 f 按 x_k 展开得

$$f=x_k^d g_d(x_1,\cdots,x_{k-1})+x_k^{d-1}g_{d-1}(x_1,\cdots,x_{k-1})+\cdots+x_k g_1(x_1,\cdots,x_{k-1})+g_0(x_1,\cdots,x_{k-1})$$

其中 $d\geqslant 1$,$g_d(x_1,\cdots,x_{k-1})$ 不恒为零. 由归纳假设知,存在实数 $a_1,\cdots,a_{k-1}$,使得 $g_d(a_1,\cdots,a_{k-1})\neq 0$,令 $c_i=g_i(a_1,\cdots,a_{k-1})$,则

$$f(a_1,\cdots,a_{k-1},a_k)=c_d x_k^d+c_{d-1}x_k^{d-1}+\cdots+c_1 x_k+c_0$$

其中 $c_i\in\mathbf{R}$,$c_d\neq 0$. 于是这个多项式至多有 d 个实根,从而存在实数 a_k,使得 $f(a_1,\cdots,a_{k-1},a_k)\neq 0$.

现在我们来证明定理:

设 $f(x_1,\cdots,x_n)$ 是 m 次齐次多项式,λ 是任意实数,则由齐次多项式的定义可知有如下性质

$$f(\lambda x_1,\lambda x_2,\cdots,\lambda x_n)=\lambda^m f(x_1,x_2,\cdots,x_n)$$

由引理知存在实数 $a_1,a_2,\cdots,a_n$ 使得

$$f(a_1,a_2,\cdots,a_n)\neq 0$$

由性质知

$$f(\lambda a_1,\cdots,\lambda a_n) = \lambda^m f(a_1,\cdots,a_n) \quad (1.2.1)$$

$$f(-\lambda a_1,\cdots,-\lambda a_n) = (-\lambda)^m f(a_1,\cdots,a_n) \quad (1.2.2)$$

若 m 为奇数,则 λ^m 和 $(-\lambda)^m$ 异号,进而推出 $f(\lambda a_1,\cdots,\lambda a_n)$ 与 $f(-\lambda a_1,\cdots,-\lambda a_n)$ 异号,而这与 $f(x_1,\cdots,x_n)$ 是正定的矛盾,故 m 一定是偶数,从而定理得证.

应用定理我们对试题可分析如下,可将试题改述为:

设 n 为正整数,$a_1,\cdots,a_n$ 为 n 个实变量,定义

$$A_n(a_1,\cdots,a_n) = \sum_{i=1}^{n}\prod_{\substack{j=1\\ j\neq i}}^{n}(x_i - x_j)$$

试问对哪些 n 值,A_n 是正定的?

由于 $A_n(a_1,\cdots,a_n)$ 是 $n-1$ 次齐次多项式,而由定理,正定齐次多项式的次数必为偶数,因此若 A_n 正定,则 n 必为奇数,进而若 n 为奇数并且 $n\geqslant 7$,取 $(a_1,\cdots,a_n)=(0,0,0,1,2,2,\cdots,2)$,容易计算

$$A_n(0,0,0,1,2,2,\cdots,2) = \prod_{\substack{j=1\\ j\neq 4}}^{n}(a_4 - a_j) = (-1)^{n-4} = -1$$

因此若 A_n 正定,n 只能为 3 或 5.

1.3　试题的推广与加强

由试题的证明过程可知,当 $n=3$ 时,不等式

$$(a_1-a_2)(a_1-a_3)+(a_2-a_1)(a_2-a_3)+(a_3-a_1)(a_3-a_2)\geqslant 0$$

如果令 $a_1=x,a_2=y,a_3=z$,则不等式化为

$$(x-y)(x-z)+(y-z)(y-x)+(z-x)(z-y)\geqslant 0 \qquad (1.3.1)$$

(1.3.1)是著名的舒尔(Schur)不等式的一个最简单的特例,即是当 $\lambda=0$ 时的舒尔不等式:

舒尔不等式　若 $x,y,z\in\mathbf{R}_+,\lambda\in\mathbf{R}$,则

$$x^{\lambda}(x-y)(x-z)+y^{\lambda}(y-z)(y-x)+z^{\lambda}(z-x)(z-y)\geqslant 0$$

其中等号当且仅当 $x=y=z$ 时成立. 2005年全国高中数学联赛试题二第2题有一个用舒尔不等式证明的简单解法.

我们不准备直接证明这个不等式,因为它可以在不等式方面的经典著作哈代(Hardy)、李特伍德(Littlewood)及波利亚(Pólya)著的《不等式》中找到. 下面证明一个它的推广形式——古哈(U. C. Guha)不等式.

古哈不等式　若 $a,b,c,\alpha,\beta,\gamma\in\mathbf{R}_+$,且

$$a^{\frac{1}{p}}+c^{\frac{1}{p}}\leqslant b^{\frac{1}{p}} \qquad (1.3.2)$$

$$\alpha^{\frac{1}{p+1}}+\beta^{\frac{1}{p+1}}\geqslant\gamma^{\frac{1}{p+1}} \tag{1.3.3}$$

则:

(i)若 $p>0$,有

$$abc-\beta(a+\gamma ab)\geqslant 0 \tag{1.3.4}$$

(ii)若 $-1<p<0$,则不等式(1.3.3),(1.3.4)必须反向;

(iii)若 $p<-1$,则不等式(1.3.2),(1.3.3)必须反向.

不论(i),(ii),(iii)哪种情况,都是当且仅当(1.3.2),(1.3.3)中等式成立,且

$$\frac{a^{p+1}}{\alpha^{p}}=\frac{b^{p+1}}{\beta^{p}}=\frac{c^{p+1}}{\gamma^{p}}$$

时(1.3.4)中等号成立.

证明 我们仅证 $p>0$ 时的情形,其他情形可类似地处理.

当 $p>0$ 时,由赫尔德(Hölder)不等式得

$$\begin{aligned}&\left[a^{\frac{1}{p+1}}(\alpha c)^{\frac{1}{p+1}}+c^{\frac{1}{p+1}}(\gamma a)^{\frac{1}{p+1}}\right]^{p+1}\\ \leqslant&(\alpha c+\gamma a)(a^{\frac{1}{p}}+c^{\frac{1}{p}})^{p}\end{aligned}$$

亦即

$$ac(\alpha^{\frac{1}{p+1}}+\gamma^{\frac{1}{p+1}})^{p+1}\leqslant(\alpha c+\gamma a)(a^{\frac{1}{p}}+c^{\frac{1}{p}})^{p}$$

再由(1.3.2),(1.3.3)便可推出(1.3.4),等式成立的条件完全可由赫尔德不等式中等式成立的条件得到.

在古哈不等式中设 $p=1$,并不失一般性地假设 $0\leqslant z\leqslant y\leqslant x$,令 $a=y-z,b=x-z,c=x-y,\alpha=x^{\lambda},\beta=y^{\lambda},\gamma=z^{\lambda}$. 则(1.3.4)就变成了舒尔不等式,(1.3.2)

此时是等式,因为 $\alpha^{\frac{\lambda}{2}}\geqslant\beta^{\frac{\lambda}{2}}$,或 $\gamma^{\frac{\lambda}{2}}\geqslant\beta^{\frac{\lambda}{2}}$,分别当 $\lambda\geqslant0$ 或 $\lambda\leqslant0$ 时成立. 所以(1.3.3)是成立的.

古哈的结果是1962年发表的,在此一年以前阿莫尔(K. S. Amur)从另一个角度部分地推广了舒尔不等式. 1964年由奥本海默(A. Oppenheim)和罗伊登(Royden)进行了补充,其结果可合并成下述:

定理　设 $a_1,a_2,\cdots,a_n$ 为 $n(n>3)$ 个实常数,则对一切满足 $x_1\geqslant\cdots\geqslant x_n$ 的实数 $x_1,\cdots,x_n$,不等式

$$\sum_n \triangleq \sum_{i=1}^{n} a_i \prod_{\substack{j=1\\ j\neq i}}^{n}(x_i-x_j)\geqslant 0 \qquad (1.3.5)$$

成立的充分必要条件是:

(i)当 $n=3$ 时

$$a_1\geqslant0,a_2\leqslant(a_1^{\frac{1}{2}}+a_3^{\frac{1}{2}})^2,a_3\geqslant0$$

(ii)当 $n\geqslant4$ 时

$$a_2\leqslant a_1,(-1)^n(a_{n-1}-a_n)\geqslant0,(-1)^{k+1}a_k\geqslant0 \qquad (1.3.6)$$

这里 $1\leqslant k\leqslant n,k\neq2,n-1$.

(对 $n=5,a_1=\cdots=a_5=1,x_4=x_5=0$,(1.3.5)便成为 $\lambda=2$ 时的舒尔不等式.)

证明　先证 $n=3$ 时.

(i)充分性:我们可以直接由以下恒等式得到

$$\sum_3=[a_1^{\frac{1}{2}}(x_1-x_2)-a_3^{\frac{1}{2}}(x_2-x_3)]^2+[(a_1^{\frac{1}{2}}+a_3^{\frac{1}{2}})^2-a_2](x_1-x_2)(x_2-x_3) \qquad (1.3.7)$$

并由此可以看出(1.3.5)中等式成立的条件.

注:如果取 $a_1 = a_2 = a_3 = 1$,则以上给出了试题当 $n=3$ 时的又一种证法.

(ii)必要性:设 $x_1 > x_2 = x_3$,或 $x_1 = x_2 > x_3$,则(1.3.5)给出必要条件 $a_1 \geqslant 0, a_3 \geqslant 0$;在(1.3.7)中选取 $(x_1 - x_2):(x_2 - x_3) = a_3^{\frac{1}{2}}:a_1^{\frac{1}{2}}$,从而得到另一条件.

再证 $n \geqslant 4$ 时.

(i)充分性:若条件满足,则 $\sum_n$ 中的前两项的和为

$$a_1(x_1 - x_2)\cdots(x_1 - x_n) + a_2(x_2 - x_1)\cdots(x_2 - x_n)$$
$$= (x_1 - x_2)[a_1(x_1 - x_3)\cdots(x_1 - x_n) - a_2(x_2 - x_3)\cdots(x_2 - x_n)]$$

当 $a_1 \geqslant 0 \geqslant a_2$ 或 $a_1 \geqslant a_2 \geqslant 0$ 和 $x_1 - x_3 \geqslant x_2 - x_3 \geqslant 0, \cdots, x_1 - x_n \geqslant x_2 - x_n \geqslant 0$ 时上式是非负的,对 $\sum_n$ 的最后两项进行类似的论证;其他的每一项显然当(1.3.6)成立时是非负的,因为 $(x_r - x_1)\cdots(x_r - x_n)$(其中不含 $x_r - x_r$),当 r 是奇数时大于或等于 0,当 r 是偶数时小于或等于 0,即它与 a_r 有相同的符号.

(ii)必要性:若由(1.3.6)可推出(1.3.5),则在(1.3.5)中设 $x_1 > x_2 > x_3 = \cdots = x_n$,再用 $x_1 - x_2$ 除,得

$$a_1(x_1 - x_3)\cdots(x_1 - x_n) - a_2(x_2 - x_3)\cdots(x_2 - x_n) \geqslant 0$$

根据连续性,此式对 $x_1 \geqslant x_2 \geqslant x_3 = \cdots = x_n$ 也成立. 设 $x_1 > x_2 = x_3$ 就给出条件 $a_1 \geqslant 0$ 的必要性,而设 $x_1 = x_2 > x_3$,则给出条件 $a_1 \geqslant a_2$ 的必要性. 可将类似的论证应用于 a_{n-1} 和 a_n;关于 $a_r(3 \leqslant r \leqslant n-2)$ 的条件只要设

$$x_1 = \cdots = x_{r-1} > x_r > x_{r+1} = \cdots = x_n$$

即可得到.

一个简单的推论是:

推论　$n(n \geqslant 3)$ 个实常数 $a_1, \cdots, a_n$ 使不等式(1.3.5)对所有实数 $x_1, \cdots, x_n$ 成立的充分必要条件是:

(i)当 $n = 3$ 时

$0 \leqslant a_i \leqslant a_j^{\frac{1}{2}} + a_k^{\frac{1}{2}}$,对每个1,2,3的排列 i, j, k

(ii)当 $n = 4$ 和 $n = 6$ 时

$$a_1 = a_2 = \cdots = a_n = 0$$

(iii)当 $n = 5$ 时

$$a_1 = a_2 = \cdots = a_n > 0$$

这一推论是对试题的部分加强.

1.4　拉克斯定理

从试题的证明中我们发现,证明 $n = 3$ 和 $n = 5$ 时的证法完全不同. 首先可以用证明 $n = 5$ 的方法来证明 $n = 3$ 时的情形,但决不能反过来,尽管 $n = 3$ 时的证法很漂亮,换句话说是"非不为也,实不能也".

1978年两位数学家A. 拉克斯(A. Lax)和P. 拉克斯(P. Lax)证了如下的:

定理　A_5 不能表示成实系数多项式的平方和.

为证明此定理我们需证明以下三个引理.

引理 1.4.1　设 $f(x_1,\cdots,x_n)$ 为 m 次实系数多项式,f 不恒为零,则 f 为正定的充要条件为:齐次多项式

$$F(x_0,\cdots,x_n)=x_0^m f\left(\frac{x_1}{x_0},\cdots,\frac{x_n}{x_0}\right)$$

为正定的.

引理 1.4.2　设 $f(x_1,\cdots,x_n)$ 为 m 次实系数多项式,$m\geqslant 1$,则 $f(x_1,\cdots,x_n)$ 为实系数多项式平方和的充要条件是 $F(x_0,\cdots,x_n)=x_0^m f(\frac{x_1}{x_0},\cdots,\frac{x_n}{x_0})$ 为实系数多项式平方和.

引理 1.4.3　设 $Q(x_1,\cdots,x_5)=\sum_{1\leqslant j\leqslant k\leqslant 5} c_{jk}x_jx_k$ 是实系数二次型,并且当变量 x_1,x_2,x_3,x_4,x_5 当中只要其中三个取相同值,而其余两个取相同值时,Q 均取值为零,则 Q 必恒为零.

引理 1.4.1、引理 1.4.2 的证明是容易的,现在我们来证明引理 1.4.3.

证明　设 $x_1=x_2=\alpha,x_3=x_4=x_5=\beta$,由条件知

$$\begin{aligned}Q(\alpha,\alpha,\beta,\beta,\beta)=&(c_{11}+c_{12}+c_{22})\alpha^2+(c_{13}+c_{14}+\\&c_{15}+c_{23}+c_{24}+c_{25})\alpha\beta+(c_{33}+\\&c_{44}+c_{55}+c_{34}+c_{35}+c_{45})\beta^2\end{aligned}$$

由于上式对任意实数 α 和 β 均成立,于是右边关于 $\alpha^2,\alpha\beta,\beta^2$ 的系数必恒为零,即

$$c_{11}+c_{12}+c_{22}=0 \quad (1.4.1)$$

$$c_{13}+c_{14}+c_{15}+c_{23}+c_{24}+c_{25}=0 \quad (1.4.2)$$

$$c_{33}+c_{44}+c_{55}+c_{34}+c_{35}+c_{45}=0 \quad (1.4.3)$$

如果我们再设 $x_3=x_4=\alpha, x_1=x_2=x_3=\beta$，由条件知

$$Q=(\beta,\beta,\alpha,\alpha,\beta)=(c_{33}+c_{34}+c_{44})\alpha^2+(c_{31}+c_{32}+c_{35}+c_{41}+c_{42}+c_{45})\alpha\beta+(c_{11}+c_{22}+c_{55}+c_{12}+c_{15}+c_{24})\beta^2$$

同样可以得到类似的等式

$$c_{33}+c_{34}+c_{44}=0 \quad (1.4.4)$$

$$c_{31}+c_{32}+c_{35}+c_{41}+c_{42}+c_{45}=0 \quad (1.4.5)$$

$$c_{11}+c_{22}+c_{55}+c_{12}+c_{15}+c_{24}=0 \quad (1.4.6)$$

由(1.4.3)和(1.4.4)得：$c_{35}+c_{45}=-c_{55}$.

我们注意到在引理 1.4.3 条件中关于 $x_1, x_2, \cdots, x_5$ 是完全对称的，所以当我们对系数下标做任意置换的话当得到新的关系式，例如做 $\prod(1,2,3,4,5)=(1,3,2,4,5)$，便得到关系式 $c_{25}+c_{45}=-c_{55}$，于是可推出：$c_{25}=c_{35}$.

同理可以得到

$$c_{15}=c_{25}=c_{35}=c_{45} \quad (1.4.7)$$

再做适当的下标置换，又可得到

$$c_{15}=c_{12}=c_{13}=c_{14} \quad (1.4.8)$$

$$c_{12}=c_{23}=c_{24}=c_{25} \quad (1.4.9)$$

$$c_{13}=c_{23}=c_{34}=c_{35} \quad (1.4.10)$$

$$c_{14}=c_{24}=c_{34}=c_{45} \quad (1.4.11)$$

由(1.4.7)～(1.4.11)可知，所有系数 $c_{ij}(1\leqslant i<j\leqslant 5)$ 均相同，设此公共值为 σ，由(1.4.2)知 $6\sigma=0\Rightarrow\sigma=0$，于是所有的 $c_{ij}(1\leqslant i<j\leqslant 5)$ 均为零，而由

$c_{55}=-(c_{35}+c_{45})=0$及对称性可知 $c_{ij}=0(1\leqslant i\leqslant j\leqslant 5)$,从而 Q 的所有系数均为零,故 $Q(x_1,\cdots,x_j)\equiv 0$.

现在我们用反证法来证明定理:假设

$$A_5(x_1,\cdots,x_5)=Q_1(x_1,\cdots,x_5)^2+\cdots+Q_m(x_1,\cdots,x_5)^2$$

其中 $Q_1,\cdots,Q_m$ 均为实系数多项式,由于 A_5 为 4 次多项式,由引理 1.4.2 可知 $Q_1,\cdots,Q_m$ 的次数均不超过 2,设 $P_i(x_1,\cdots,x_5)$ 为 $Q_i(x_1,\cdots,x_5)$ 的二次项全体,则因为 A_5 是四次齐次的,故必有 $A_5=P_1^2+\cdots+P_m^2$,由此我们可以在开始就假设 $Q_1,\cdots,Q_m$ 均是二次齐次的,即均为二次型,由 A_5 的表达式易知当 $x_1,\cdots,x_5$ 中三个值相同而另两个取值相同时,A_5 取值为零,从而这时必然有 $Q_1,\cdots,Q_m$ 均取值零,即 $Q_1,\cdots,Q_m$ 均是满足引理 1.4.2 的二次型,于是 $Q_1,\cdots,Q_m$ 均恒为零,而 A_5 不恒为零,产生矛盾,从而证明了 A_5 不是实系数多项式的平方和.

1.5 希尔伯特第十七问题相关理论

就背景来说试题的背景是深刻的,如果我们将正定多项式一般化为正定有理函数的话,则为 1900 年希尔伯特在巴黎国际数学大会上提出的著名的二十三个数学问题中的希尔伯特第十七问题.

关于 $x_1,\cdots,x_n$ 的实系数正定有理函数是否一定可表示成有限个关于 $x_1,\cdots,x_n$ 的实系数有理函数的

平方和?

这个问题的最简单的情形是:将正定的有理函数取为正定的一元多项式$f(x)$,则它可以表为有限个具体说是两个多项式的平方和,这一结果被当作第一届数学奥林匹克国家集训队训练题目,即:

定理 1.5.1 设$f(x)$为实多项式,且对任何$a\in\mathbf{R}$,$f(a)\geqslant 0$(即$f(x)$是正定的).求证:存在多项式$g(x)$,$h(x)$,使$f(x)=g^2(x)+h^2(x)$.

证明 因实系数多项式的复根成对出现,故可设$f(x)$的复根为$\beta_1,\beta_2,\cdots,\beta_s,\bar{\beta}_1,\bar{\beta}_2,\cdots,\bar{\beta}_s$,则

$$f(x)=a_0(x-\alpha_1)^{e_1}(x-\alpha_2)^{e_2}\cdots(x-\alpha_r)^{e_r}u(x)\cdot\overline{u(x)}$$

其中

$$u(x)=(x-\beta_1)^{m_1}(x-\beta_2)^{m_2}\cdots(x-\beta_s)^{m_s}$$

及

$$\overline{u(x)}=(x-\bar{\beta}_1)^{m_1}(x-\bar{\beta}_2)^{m_2}\cdots(x-\bar{\beta}_s)^{m_s}$$

为复多项式;$\alpha_1,\cdots,\alpha_r$为$f(x)$的实根,于是存在实多项式$v(x)$,$w(x)$,使$u(x)=v(x)+\mathrm{i}w(x)$,所以

$$u(x)\cdot\overline{u(x)}=[v(x)+\mathrm{i}w(x)][v(x)-\mathrm{i}w(x)]=v^2(x)+w^2(x)$$

因为对任意$x\in\mathbf{R}$,$f(x)\geqslant 0$,且不存在$x_0\in\mathbf{R}$,使

$$u(x)\cdot\overline{u(x)}=v^2(x)+w^2(x)=0$$

所以必有$a_0>0$,且e_i均为偶数,$i=1,2,\cdots,r$(因为若某e_j为奇数,则x在$\alpha_j(j=1,2,\cdots,r)$附近左侧与右侧)取值时,$f(x)$的符号不同.于是,令

$$p^2(x)=(x-\alpha_1)^{e_1}(x-\alpha_2)^{e_2}\cdots(x-\alpha_r)^{e_r}$$

得

$$f(x)=a_0p^2(x)[v^2(x)+w^2(x)]$$
$$=[\sqrt{a_0}p(x)v(x)]^2+[\sqrt{a_0}p(x)w(x)]^2$$

这样,取 $g(x)=\sqrt{a_0}p(x)v(x)$,$h(x)=\sqrt{a_0}p(x)w(x)$ 即合要求.

如果避免使用复数,我们也可以证明定理 1.5.1,甚至还可以附带多证明两个结论.

利用类似的方法我们可以证明如下的:

定理 1.5.2　设 $f(x)$ 为实多项式,且对任何 $a\in\mathbf{R}$,$f(a)\geqslant 0$(即 $f(x)$ 是正定的),则存在实系数多项式 $A_r(x)$,$B_r(x)$($r=1,2,3$)满足

$$f(x)=A_1^2(x)+B_1^2(x)=A_2^2(x)+xB_2^2(x)=A_3^2(x)-xB_3^2(x)$$

证明　我们可设

$$f(x)=a(x-\alpha_1)^{e_1}\cdots(x-\alpha_s)^{e_s}(x^2+p_1x+q_1)\cdots(x^2+p_tx+q_t)$$

其中 $a,\alpha_1,\cdots,\alpha_s,p_1,\cdots,p_t,q_1,\cdots,q_t$ 都是实数,$e_1,\cdots,e_s$ 都是正整数(由定理 1.5.1 的证明知 $e_i,i=1,\cdots,s$ 都为偶数),并且

$$p_r^2\leqslant 4q_r,\quad r=1,2,\cdots,t$$

且 $a>0$,注意到由上式得出 $q_r\geqslant 0$ 及 $2\sqrt{q_r}\geqslant p_r\geqslant -2\sqrt{q_r}$,所以

$$x^2+p_rx+q_r=\left(x+\frac{p_r}{2}\right)^2+\left(\sqrt{q_r-\frac{p_r^2}{4}}\right)^2$$
$$=(x-\sqrt{q_r})^2+x(\sqrt{p_r+2\sqrt{q_r}})^2$$
$$=(x+\sqrt{q_r})^2-x(\sqrt{-p_r+2\sqrt{q_r}})^2$$

其中 $x+\frac{p_r}{2},\sqrt{q_r-\frac{p_r^2}{4}},x-\sqrt{q_r},\sqrt{p_r+2\sqrt{q_r}},x+\sqrt{q_r}$, $\sqrt{-p_r+2\sqrt{q_r}}$ 都是实多项式.

由于

$$[A^2(x)+B^2(x)][C^2(x)+D^2(x)]$$
$$=[A(x)C(x)+B(x)D(x)]^2+[A(x)D(x)-B(x)C(x)]^2$$

$$[A^2(x)\pm xB^2(x)][C^2(x)\pm xD^2(x)]$$
$$=[A(x)C(x)+xB(x)D(x)]^2\pm x[A(x)D(x)-B(x)C(x)]^2$$

而 $f(x)$ 的分解式中每个因式均可写成 $A^2(x)+B^2(x)$ 或 $A^2(x)\pm xB^2(x)$ 的形式,所以 $f(x)$ 也可写出同样的形式.

用同样的办法及数学归纳法可证明如下的:

定理 1.5.3　如果实系数多项式 $p(x)$ 对所有 $x\in\mathbf{R}$ 只取非负的值,则它可表为

$$p(x)=Q_1^2(x)+\cdots+Q_n^2(x)$$

其中 $Q_1(x),\cdots,Q_n(x)$ 是实系数多项式.

这是匈牙利 1979 年提供给 IMO 的预选题.

我们还可以从变量的个数方面将其推广为:

定理 1.5.4　设 $F(x,y)$ 是 $2m$ 次正定齐次多项式,$F(x,y)\in\mathbf{R}[x,y]$,则 $F(x,y)$ 均可表示为两个实系数多项式的平方和.

对于 $n,m\geqslant 1$,我们以 $P_{n,2m}$ 表示 n 个变量 $x_1,\cdots,x_n$ 的实系数正定 $2m$ 次齐次多项式全体,而以 $\sum_{n,2m}$ 表示可表示成实系数多项式平方和的关于 $x_1,\cdots,x_n$ 的

$2m$ 次齐次多项式全体,由于可表示为多项式平方和的多项式必然正定,从而 $\sum_{n,2m} \subseteq P_{n,2m}$. 希尔伯特早在 1888 年证明了:

定理 1.5.5　当$(n,2m)=(n,2)(n\geqslant1)$,$(2,2m)(m\geqslant1)$和$(3,4)$时$\sum_{n,2m}=P_{n,2m}$,而对$(n,2m)$的其他值,$\sum_{n,2m}\neq P_{n,2m}$,即对于$(n,2m)$的其他值,均存在 n 个变量 $x_1,\cdots,x_n$ 的实系数 $2m$ 次正定齐次多项式不为实系数多项式平方和.

希尔伯特的证明使用了复杂的代数几何方法,而且证明属于非构造性(即存在性证明),即并没有给出具体例子. 莫茨京、鲁宾逊、蔡文瑞、林节玄、雷兹尼克及冯克勤给出一批例子.

关于希尔伯特第十七问题,江西大学的戴执中教授及曾广兴教授有专门的论述.

希尔伯特第十七问题

第 2 章

2.1 实域、序域和亚序域

设 F 是任意域;以 0,1 分别表示它的零元和乘法单位元. 若 -1 不能表作 F 中的平方和,就称 F 为**实域**(或者**形式实域**). 常见的有理数域 $\mathbf{Q}$ 和实数域 $\mathbf{R}$,都是这个意义下的实域;但复数域 $\mathbf{C}$ 以及有限域都不是实域.

对于 F 中的任何子集 P,今规定以下记法

$$-P = \{-a \mid a \in P\}$$

$$P + P = \{a + b \mid a, b \in P\}$$

$$P \cdot P = \{ab \mid a, b \in P\}$$

定义 2.1.1 设 P 为 F 的子集. 如果满足条件:

(1) $P \neq F$;

(2) $P \cup (-P) = F$; (2.1.1)

(3) $P + P \subseteq P, P \cdot P \subseteq P$.

则称 P 是 F 的一个**正锥**.

当 P 是 F 的正锥时,从上述条件不难得知 $1 \in P$; $-1 \notin P$; $P \cap (-P) = \{0\}$;

以及对于任何 $x \in F$，皆有 $x^2 \in P$. 从 F 的正锥 P，可以定出 F 中一个二元关系 $\underset{P}{\leqslant}$ 如下

$$a \underset{P}{\leqslant} b \text{ 当且仅当 } b - a \in P \tag{2.1.2}$$

从(2.1.1)可知 $\underset{P}{\leqslant}$ 应满足以下的条件：

(1) $a \underset{P}{\leqslant} a$；

(2) 对于任何两个元素 a, b，必有 $a \underset{P}{\leqslant} b$，或者 $b \underset{P}{\leqslant} a$；

(3) 由 $a \underset{P}{\leqslant} b$ 和 $b \underset{P}{\leqslant} a$，得到 $a = b$； (2.1.3)

(4) 由 $a \underset{P}{\leqslant} b$ 和 $b \underset{P}{\leqslant} c$，得到 $a \underset{P}{\leqslant} c$；

(5) 由 $a \underset{P}{\leqslant} b$ 有 $a + c \underset{P}{\leqslant} b + c$；

(6) 由 $0 \underset{P}{\leqslant} a$ 和 $b \underset{P}{\leqslant} c$，得到 $ab \underset{P}{\leqslant} ac$.

当 $a \underset{P}{\leqslant} b$ 与 $a \neq b$ 同时成立时，我们简记作 $a \underset{P}{<} b$. 如果以 $\dot{P}$ 记 $P \setminus \{0\}$，则 $a \underset{P}{<} b$ 当且仅当 $b - a \in \dot{P}$.

我们称 $\underset{P}{\leqslant}$ 为 P **所定的序关系**. 一般而言，任何一个定义在 F 上，且满足(2.1.3)的二元关系 $\leqslant$，都可称作 F 的**序关系**. 当给定了 F 的一个序关系 $\leqslant$，我们也可以反过来在 F 上定出正锥. 令

$$P = \{a \in F \mid 0 \leqslant a\}$$

容易验知，这个 P 满足(2.1.1)的条件，所以是个正锥；而且，由它所定的序关系 $\underset{P}{\leqslant}$，正是事先所给的 $\leqslant$. 这个事实表明，域的正锥和序关系，二者是可以相转换的. 因此我们说，正锥 P 或者序关系 $\underset{P}{\leqslant}$，给出 F 的一个**序**；而且我们迳用 P 同时表示正锥和由它给定的序(有时也用序关系的符号 $\leqslant$).

一个在其中可以定出序的域，称作**可序的**，或者**可序域**. 可序域一般可以有许多序. 当我们特别取定 F 的某个序 P 时，就称 F 为**序域**，记以 (F, P)，或者 $(F, \leqslant)$. 在可序域中，不同的序之间，不存在集包含关

系(作为正锥而言). 这是下述引理所指出的:

引理 2.1.1　设 P_1, P_2 是 F 的两个序. 若有 $P_1 \subseteq P_2$, 则应有 $P_1 = P_2$.

证明　因若 $a \in P_2 \setminus P_1$, 则 $-a \in P_1 \subseteq P_2$, 从而 $-1 = (-a)\frac{1}{a} = (-a)\left(\frac{1}{a}\right)^2 a \in P_2 \cdot P_2 \cdot P_2 \subseteq P_2$, 矛盾.

在以下的讨论中, 子集

$$S_F = \{\text{有限和} \sum x_i^2 \mid x_i \in F\} \qquad (2.1.4)$$

具有特殊的重要性. 当 F 是实域时, 按照定义, 有 $-1 \notin S_F$. 如果 F 是可序的, 对于它的任何一个序 P, 前面已经指出, 每个 $x_i^2 \in P$, 从而有 $S_F \subseteq P$. 因此, $-1 \notin S_F$. 另一方面, 对于任何素数 p, 等式

$$-1 = \underbrace{1 + \cdots + 1}_{p-1\text{个}} \in S_F \subseteq P$$

是不能成立的. 因此有以下的结论:

命题 2.1.1　可序域必定是实域; 可序域的特征只能是 0.

为了进一步阐明可序域与实域的关系, 现在再引进一个概念:

定义 2.1.2　设 Q 是 F 的一个子集. 若有:

(1) $-1 \notin Q$;

(2) $S_F \subseteq Q$; $\qquad (2.1.5)$

(3) $Q + Q \subseteq Q$; $Q \cdot Q \subseteq Q$.

则称 Q 是 F 的一个**亚正锥**, 或者说, Q 给出 F 的一个**亚序**.

以下为简便计, 也迳称 Q 为 F 的亚序; 此时又称 (F, Q) 为一个**亚序域**. 从定义立即知道 $0, 1 \in Q$; 并且, 亚序域是实域. 反之, 当 F 是实域时, $-1 \notin S_F$; 此时 S_F 满足条件(2.1.5). 因此, S_F 是 F 的一个亚序. 又按集包含关系, S_F 是最小的亚序, 所以也称作 F 的**弱亚序**.

实域 F 可以作为亚序域(F,S_F).

与序的情形不同,在实域的亚序之间,可以有集包含关系存在. 今有:

引理 2. 1. 2　F 中按集包含关系的极大亚序,就是 F 的一个序.

证明　设 Q 是 F 中一个按集包含关系的极大亚正锥. (2. 1. 1)的条件(1),(3)显然满足,只需验证(2). 设 $0\neq a\in F\backslash Q$. 作 $Q_0=Q-aQ$. 易知 $Q\subseteq Q_0$;并且 Q_0 满足(2. 1. 5)的(2),(3). 若有 $-1\in Q_0$,则有 $-1=q_1-aq_2$,其中 $q_1,q_2\in Q,q_2\neq 0$. 从而有 $aq_2=1+q_1\in Q+Q\subseteq Q$. 又由 $q_2^{-1}=q_2\left(\frac{1}{q_2}\right)^2\in Q$,可得 $a\in Q$,矛盾. 因此,Q_0 是 F 的亚正锥. 按 Q 的极大性,应有 $Q=Q_0$,故 $-a\in Q_0=Q$,即(2. 1. 1)的(2)成立.

当 F 是实域时,它有弱亚序 S_F,通过 Zorn 引理的论断,F 有极大亚序,再按上述引理,就得到:

命题 2. 1. 2　实域一定是可序的.

由命题 2. 1. 1 和命题 2. 1. 2,即得:

定理 2. 1. 1　F 成为实域,当且仅当 F 是个可序域.

例 1　有理数域 $\mathbf{Q}$ 是实域. 由拉格朗日定理,每个正整数都是 4 个整数的平方和. 从而每个正有理数是 4 个有理数的平方和. 这表明了弱亚序 $S_{\mathbf{Q}}$ 是 $\mathbf{Q}$ 的序. 根据引理 2. 1. 1,它是 $\mathbf{Q}$ 唯一的序,自然也是唯一的亚序.

例 2　实数域 $\mathbf{R}$ 是实域. 由于任何一个正实数都是一个完全平方数,所以 $\mathbf{R}^2=\{a^2\mid a\in\mathbf{R}\}$ 满足(2. 1. 1)的条件,换言之,$\mathbf{R}^2$ 是 $\mathbf{R}$ 的一个序,此时 $S_{\mathbf{R}}=\mathbf{R}^2$,故 $\mathbf{R}$ 只有唯一的序或亚序 $\mathbf{R}^2$.

引理 2. 1. 2 尚可作进一步的强化如下:

引理 2.1.3　设(F,Q)是一个亚序域,$a\notin Q$. 于是存在F的某个序P,使得有$a\notin P$,以及$Q\subseteq P$.

证明　作$Q_0=Q-aQ$. 根据引理2.1.2的证明,Q_0是个亚序,满足$-a\in Q_0$及$Q\subseteq Q_0$. 从而$a\notin Q_0$. 今以φ记由所有包含Q和$-a$,但不包含a的亚序所成的集. 则有$Q_0\subseteq\varphi$,即$\varphi\neq\varnothing$. 设

$$Q\subseteq Q_0\subseteq Q_1\subseteq\cdots\subseteq Q_n\subseteq\cdots$$

是φ中按集包含关系的一个升链. 易知$\bigcup_i Q_i\subseteq\varphi$,换言之,这个链在$\varphi$中有上界. 按Zorn引理,知存在极大元$P$,满足

$$Q\subseteq P;a\notin P;以及\ -a\in P$$

今证明,P是F的一个序. 只需验证(2.1.1)的条件(2). 设$x\notin P$. 作

$$P_0=P-xP$$

与引理2.1.2的证明一样,可证明P_0是一个亚序. 如果$a\in P_0$,则有

$$a=p_1-xp_2;p_1,p_2\in P,p_2\neq 0$$

从而$xp_2=p_1-a\in P+P\subseteq P$. 由此导致$x\in P$,矛盾. 因此$a\notin P_0$. 再按$P$的极大性,有$P_0=P$,即$P-xP=P$. 从而$-x\in P$,即(2.1.1)的(2)成立.

我们称满足$P\supseteq Q$的序P为亚序域(F,Q)的一个序. 从上述引理立即得到:

定理 2.1.2　对于亚序域(F,Q),等式

$$Q=\bigcap_P P \qquad (2.1.6)$$

成立,其中P遍取(F,Q)所有的序.

由于实域F可作为亚序域(F,S_F),故有:

推论(阿廷定理)　对于实域F,等式

$$S_F=\bigcap_P P \qquad (2.1.7)$$

成立,其中 P 取遍 F 所有的序.

在序域(F,P)中,可以引入一些与通常相类似的概念. 对于元素 $a\in F$,今规定它的**绝对值**$|a|_P$ 如下

$$|a|_P=\begin{cases}a & 当\ a\in\dot{P}\\ -a & 当\ a\in-\dot{P}\\ 0 & 当\ a=0\end{cases}\qquad(2.1.8)$$

我们称 $a\in\dot{P}$ 为(F,P)中的正元素;$a\in-\dot{P}$ 为负元素. 对于亚序域(F,Q),据定理 2.1.2,元素 $0\neq a\in Q$ 属于(F,Q)的每个 $\dot{P}$. 因此,可称它为(F,Q)的全正元. 特别在 F 为实域时,它的全正元是属于每个正锥的非零元,此时阿廷定理可以陈述如下:实域 F 中的元素 $a\neq 0$,成为 F 的全正元,当且仅当 a 可表示成 F 中的平方和.

最后还应指出,(2.1.7)的左边对于任何域都是有意义的. 如果 F 不是实域,同时它的特征不等于 2,则任何 $a\in F$ 都可以表达成

$$a=\left(\frac{a+1}{2}\right)^2-\left(\frac{a-1}{2}\right)^2$$

由于 F 不是实域,应有 $-1=\sum_i^m x_i^2$,以此代入上式,得到 a 的一个平方和表达式,即 $S_F=F$.

为了以后的应用,我们还要把序和亚序的概念推广到交换环上. 现在设 A 是一个带有单位元素 1 的交换环;以 S_A 记 A 中由所有的有限平方和所成的子集. 与域的情形一样,我们称 A 中满足定义 2.1.2 的子集 Q 为 A 的一个亚正锥,或者迳称作 A 的亚序,当 $-1\notin S_A$ 时,S_A 本身就是 A 的一个亚序. 这个亚序也称作 A 的弱亚序. 就环的情形而论,今有一个与引理 2.1.2 相类似的结论:

引理 2.1.4　对于 A 的任何一个给定的亚序 Q_0，必然存在亚序 Q，满足 $Q \supseteq Q_0$，以及

$$\begin{aligned} Q \cup (-Q) &= A \\ Q \cap (-Q) &= J \end{aligned} \tag{2.1.9}$$

这里 J 是 A 的一个素理想.

证明　所有包含 Q_0 的亚序，按集包含关系，组成一个归纳集. 使用 Zorn 引理，可得到一个极大元 Q. 今证明，Q 满足命题的要求. 首先，对于 A 的任一元素 x，作

$$\begin{aligned} Q_1 &= Q - Qx \\ Q_2 &= Q + Qx \end{aligned} \tag{2.1.10}$$

显然，Q_1 和 Q_2 都包含 Q，而且满足(2.1.5)的(2)，(3). 假若 -1 既属于 Q_1，又属于 Q_2，则有

$$-1 = q_1 - q_2 x$$

$$-1 = q_3 + q_4 x$$

其中 $q_1, q_2, q_3, q_4 \in Q$. 以上两式改写成

$$q_2 x = 1 + q_1$$

$$-q_4 x = 1 + q_3$$

两边分别相乘，得到 $-q_2 q_4 x^2 = 1 + q_5, q_5 \in Q$. 由此又得出 $-1 = q_5 + q_2 q_4 x^2 \in Q$，矛盾. 这就证明了(2.1.10)中必定有一个是亚序，设为 $Q_1 = Q - Qx$. 从 Q 的极大性，知有 $Q = Q - Q_x$. 从而得到 $-x \in Q$，这就证明了(2.1.9)的第一式.

至于(2.1.9)的第二式，首先，从 $Q \cup (-Q) = A$，可知 J 是 A 的一个理想. 今设 $x_1, x_2 \notin J$，但 $x_1 x_2 \in J$. 不失一般性，不妨设 $x_1, x_2 \notin -Q$. 此时有 $Q \neq Q - Qx_1$，$Q \neq Q - Qx_2$，由于 Q 有极大性，所以 $Q - Qx_i$ 都不是 A 的亚序，其中 $i = 1, 2$. 因此有

$$-1 = q_1 - q_2 x_1$$

$$-1 = q_3 - q_4 x_2$$

或者写成 $1+q_1=q_2x_1$；$1+q_3=q_4x_2$，其中 $q_1,q_2,q_3,q_4\in Q$. 两式相乘，得

$$1+q_1+q_3+q_1q_3=q_2q_4x_1x_2$$

从而 $-1=q_1+q_3+q_1q_3-q_2q_4x_1x_2$. 由 $x_1x_2\in J\subseteq -Q$，可得 $-q_2q_4x_1x_2\in Q$，于是有 $-1\in Q$，矛盾.

根据这个引理，我们把满足(2.1.9)的亚序称作交换环 A 的**序**；又称素理想 J 为序 Q 的**支柱**，记作 $\mathrm{supp}(Q)$. 于是得到了：

命题 2.1.3 交换环 A 的任何一个亚序，都可以扩大成序，其支柱是 A 中的素理想.

设 Q 是 A 的序，$\mathrm{supp}(Q)=J$. 于是剩余环 $\bar{A}=A/J$ 是个整环. Q 在 $\bar{A}$ 上诱导出一个序 $\bar{Q}$

$$\bar{Q}=\{\bar{a}\mid \bar{a}=a+J,a\in Q\} \qquad (2.1.11)$$

不难验明，以上的规定是有效的；$\bar{Q}$ 成为 $\bar{A}$ 的一个序. 还可以知道，$\mathrm{supp}(\bar{Q})=(\bar{0})$. 因若 $a+J=-b+J$，其中 $a,b\in Q$，则有 $a+b\in J\subseteq -Q$. 从而 $a=(a+b)-b\in -Q$，故 $\bar{a}=\bar{0},\bar{b}=\bar{0}$.

若 A 是个整环，序 Q 的支柱 $\mathrm{supp}(Q)=(0)$，此时 Q 能唯一地扩大成为商域的一个序

$$P=\left\{\frac{a}{b}\mid ab\in Q,a,b\in A\right\} \qquad (2.1.12)$$

首先，这样的规定是有效的，因若 $\frac{a}{b}=\frac{a'}{b'}$，从 $ab'=a'b$ 得到 $abb'=a'b^2$ 以及 $abb'^2=a'b'b^2$. 因此(2.1.12)的规定有效. 至于 P 是商域的序，而且是 Q 的唯一扩大，证明甚明显，今从略.

从以上的论述中还可以见到，对于交换环 A，只要 -1不能表作 A 中的平方和，即 $-1\notin S_A$，A 必然有序，反之亦成立. 这一事实与定理 2.1.1 很接近，不过域的序只能以(0)为它的支柱.

本节的前一部分属于阿廷－施赖埃尔的实域理论,但处理方法不同于他们的原始论文[2].由于引进了亚序,使得定理2.1.1的证明大为简化.这是当前普遍采用的方法,它来自J.P.Serre的早期论文(本书未列),读者可参看[23].

关于交换环的情形,可参考[5],[6],[24].

2.2　序扩张、实扩张

设(F,P)是一个序域;K是F的一个扩张.如果K有一个序P',满足$P'\cap F=P$,就称P'是P在K上的一个拓展,或者说,(K,P')是(F,P)的一个序扩张,记作$(F,P)\subseteq(K,P')$.对于亚序域(F,Q),也可作类似的规定:若P是(F,Q)的一个序,P在K上有拓展P',我们可称P'是Q在K上的一个拓展;此时又称(K,P')是(F,Q)的一个序扩张,如果不特别指明序P',则可称K为(F,Q)的一个实扩张.从这个规定来说,序扩张自然都是实扩张.

序扩张或者实扩张的例子是很多的.例如Q,S是它唯一的序或亚序.因此,任何序域(F,P)都是序域(Q,S)的序扩张(我们假定F的素子域是Q);而任何实域F,都可作为亚序域(Q,S)的实扩张.

对于给定的(F,Q)和K,我们先来给出一个Q在K上有拓展存在的刻画:

命题2.2.1　设(F,Q)是一个亚序域,K是F的一个扩张.Q在K上有拓展的必要充分条件是

$$-1\notin S_K(Q)=\{\text{有限和}\sum a_ix_i^2\mid a_i\in Q,x_i\in K\}\tag{2.2.1}$$

证明　必要性.设(F,Q)在K上有拓展P'.于是,

$S_K(Q) \subseteq P'$,从而(2.2.1)成立.

充分性. 设(2.2.1)成立. 此时 $S_K(Q)$ 是 K 的一个亚序. 因此,按引理 2.1.2,必有某个序 $P' \supseteq S_K(Q)$. 此时又有

$$P = P' \cap F \supseteq S_K(Q) \cap F \supseteq Q$$

即 P 是(F,Q)的一个序,它在 K 上的拓展是 P'.

从命题立即知道,当 K 是 F 上含 n 个未定元的有理函数域 $F(X_1,\cdots,X_n)$时,它一定是(F,Q)的实扩张.

命题 2.2.2　若 K 是亚序域(F,Q)的一个实扩张,则有

$$S_K(Q) = \bigcap_{P'} P' \tag{2.2.2}$$

其中 P'取遍 Q 在 K 上所有的拓展. 又若 F 的扩张 K 不是(F,Q)的实扩张,则有

$$S_K(Q) = K \tag{2.2.3}$$

证明　当 K 是(F,Q)的实扩张时,由命题 2.2.1,知 $S_K(Q)$是 K 的一个亚序. 按定理 2.1.2,有

$$S_K(Q) = \bigcap_{P'} P'$$

其中 P'遍取$(K,S_K(Q))$的序. 从上述命题的证明,可知 P'是 Q 在 K 上的拓展. 反之,对于 Q 在 K 上的任一拓展 P',总有 $S_K(Q) \subseteq P'$,故(2.2.2)成立.

当 K 不是(F,Q)的实扩张时,$-1 \in S_K(Q)$. 由于 K 是 F 的扩张,它的特征是 0. 从 2.1 节的末段即知 $S_K(Q) = K$.

亚序域上的代数扩张不必一定是实扩张,例如 $Q(\sqrt{-1})$,它就不是(Q,S)的实扩张. 现在我们来考虑一种能成为实扩张的情形.

命题 2.2.3　设 $f = f(X) \in F[X]$是 F 上的不可约多项式,而且关于(F,Q)的序 P 在 F 上是不定的,即对

于某两个元 $a,b\in F$，有 $f(a)f(b)\underset{P}{<}0$. 于是 $K=F[X]/(f)$ 是 F 上的一个实代数扩张.

证明　对 f 的次数 $\deg f=n$ 使用归纳法. 当 $n=1$ 时,结论显然成立,今设结论对于次数小于或等于 $n-1$ 的不可约多项式已告成立.

假若结论不真,则有

$$-1\equiv\sum_{i=1}^{m}p_if_i^2(\mathrm{mod}\,f(X))\qquad(2.2.4)$$

其中 $p_i\in Q;f_i\in F[X]$ 以及 $\deg f_i\leqslant n-1,i=1,\cdots,m$. 把(2.2.4)改换成等式,即有

$$1+\sum_{i=1}^{m}p_if_i^2=hf\qquad(2.2.5)$$

其中 $h=h(X)\in F[X]$，而且 $\deg h\leqslant n-2$. 按所设

$$f(a)f(b)\underset{P}{<}0,a,b\in F$$

由(2.2.5)，应有 $h(a)f(a)\underset{P}{>}0;h(b)f(b)\underset{P}{>}0$，从而又有

$$h(a)h(b)\underset{P}{<}0$$

即 h 在 F 上关于 P 也是不定的. 因此,h 有一个不可约因式,设为 g，它关于 P 是不定的. 今以 $g=g(X)$ 代替同余式(2.2.4)中的 f，即有

$$-1\equiv\sum_{i=1}^{m}p_if_i^2(\mathrm{mod}\,g)$$

但由于 $\deg g\leqslant n-2$，按归纳法所设,上式不可能成立,矛盾.

由于奇数次不可约多项式关于任何一个序都是不定的,由命题立即得到:

推论 2.2.1　亚序域 (F,Q) 上任何一个奇数次的真代数扩张,必定是实扩张.

推论 2.2.2　对于亚序域 (F,Q) 上任何 $a\in Q$，$K=F(\sqrt{a})$ 都是实扩张.

证明 当$\sqrt{a}\in F$时,结论自然成立;否则,X^2-a在F上不可约.X^2-a关于(F,Q)的任何一个序显然都是不定的,结论由命题立即得出.

注意 命题 2.2.3 的逆命题也成立. 后面的命题 2.7.1给出一个有关多元不定多项式的结论.

下面我们对序扩张来引进一个概念. 设(F,P)是一个序域. 如果P不能拓展于F的任何一个真代数扩张,就称(F,P)为极大序域. 若(K,P')是(F,P)的一个代数序扩张,同时又是极大序域,我们就称(K,P')是(F,P)的一个实闭包. 今有:

命题 2.2.4 任何一个序域都有实闭包.

证明 设序域(F,P)以及F的一个代数闭包$\hat{F}$. 今以φ表示由$\hat{F}/F$的一类中间域K所成的集,即P能拓展于K. 因为$F\in\varphi$,所以φ是非空的. 令

$$K_1\subseteq K_2\subseteq\cdots$$

是φ中任何一个上升链. 作$K=\bigcup_i K_i$,易知$K\subseteq\varphi$. 因若不然,则应有$-1\in S_K(P)$,或写作$-1=\sum_{i=1}^{m}a_ix_i^2$,$a_i\in P$,$x_i\in K$. 此式右边出现的有限多个$x_i$必然属于某个$K_j$,从而有

$$-1\in S_{K_j}(P)$$

矛盾. 对归纳集φ使用 Zorn 引理,就得到至少一个极大元,它就是(F,P)的一个实闭包.

在结束本节之前,我们再来给出一个有关序域的性质. 设(F,P)是一个序域(仍旧假定$Q\subseteq F$). 若对于每个$a\in F$,总有一个正整数n,使得有$|a|_P\underset{P}{\leqslant}n$,就算$P$是个阿基米德序,$(F,P)$是个阿基米德序域;否则,就称它们为非阿基米德序和非阿基米德序域.

设(K,P')是阿基米德序域(F,P)的一个代数序

扩张. 设元素 $\alpha \in K$ 满足 F 上的方程

$$\alpha^m + a_1\alpha^{m-1} + \cdots + a_m = 0, a_i \in F$$

易知 $|\alpha|_{P'} \leqslant 1 + |a_1|_P + \cdots + |a_m|_P$. 在阿基米德序的所设下,应有某个正整数 M,使得 $|\alpha|_{P'} \underset{P'}{\leqslant} M$. 因此,$(K,P')$ 也是阿基米德序域. 结合命题2.2.4,即有:

命题2.2.5　阿基米德序域的实闭包,仍然是阿基米德序域.

与代数序扩张的情形不同,阿基米德序域上的超越序扩张可能是非阿基米德的. 我们来看一个简单的例子:

例　设 (F,P) 是一个阿基米德序域;$K = F(t)$ 是一个纯超越扩张. 欲做出 P 在 K 上的拓展,按2.1节的末段所论,不妨先给出它在 $F[t]$ 上的拓展. 对于任何 $f(t) = a_0t^m + \cdots + a_m, a_0 \neq 0$,规定

$$f(t) \in P' \text{ 当且仅当 } a_0 \in P \qquad (2.2.6)$$

不难验知,P' 是 $F[t]$ 的一个序,$\mathrm{supp}(P') = (0)$;从而可以扩大为 $F(t)$ 的序,仍记作 P'. 显然,P' 是 P 在 $F(t)$ 上的拓展,按(2.2.6),对于每个 $a \in F$ 都有 $t - a \in P'$,换言之,$t \underset{P'}{>} a$ 对所有的 $a \in F$ 成立,因为 $F \supseteq Q$,所以 P' 是非阿基米德的.

设 (K,P') 是 (F,P) 的一个序扩张. 若对于每个 $\alpha \in K$,总有一个 $a \in F$,使得 $|\alpha|_{P'} \underset{P'}{\leqslant} |a|_P$ 成立,则称 (K,P') 在 (F,P) 上是阿基米德的;否则,就称作非阿基米德的. 从前面的论述得知,无论 (F,P) 是何种序域,它的代数序扩张在 (F,P) 上总是阿基米德的;而超越序扩张则可能是非阿基米德的.

阿基米德序域还有一个很基本的性质,今介绍如下:在阿基米德序域 (F,P) 中,任取两个元素 a,b. 不失一般性,不妨设 $0 \underset{P}{\leqslant} a \underset{P}{<} b$. 按所设,有正整数 n,满足

$\frac{1}{b-a} \underset{P}{<} n$,就这个 n,取使不等式 $na \underset{P}{<} m$ 成立的最小正整数 m. 于是有 $\frac{m}{n} \in Q, 0 \underset{P}{\leqslant} a \underset{P}{<} \frac{m}{n}$,以及 $m-1 \underset{P}{\leqslant} na$. 因此有

$$a \underset{P}{<} \frac{m}{n} = \frac{m-1}{n} + \frac{1}{n} \underset{P}{<} a + (b-a) = b$$

即 $a \underset{P}{<} \frac{m}{n} \underset{P}{<} b$.

为了阐述的方便,以及今后的需要,今引入如下两个符号

$$[a,b]_P = \{x \in F \mid a \underset{P}{\leqslant} x \underset{P}{\leqslant} b\}$$
$$]a,b[_P = \{x \in F \mid a \underset{P}{<} x \underset{P}{<} b\} \quad (2.2.7)$$

分别称为由 a,b 所确定的闭区间和开区间. 上面的事实表明,在阿基米德序域 (F,P) 中,任何一个开区间必然含有有理数,或者说,Q 在 (F,P) 中是稠密的. 如果 (K,P') 是 (F,P) 的代数序扩张,则 F 在 (K,P') 中也将是稠密的,因为 F 包含 Q. 再结合命题 2.2.5,即得:

命题 2.2.6 任何一个阿基米德序域,在它的实闭包中总是稠密的.

关于序域的实闭包,以后将继续讨论.

2.3 实 闭 域

一个亚序域 (F,Q),如果除它自身外,无其他实代数扩张,就称它是实闭的,或者说,(F,Q) 是一个实闭亚序域. 首先有:

命题 2.3.1 若 (F,Q) 是一个实闭亚序域,则有:

(i) $Q = F^2 = \{a^2 \mid a \in F\}$;

(ii) $S_F(Q)=S_F=F^2$;

(iii) F^2是(F,Q)唯一的序.

证明　若(i)不成立,则有 $a\in Q\backslash F^2$. 此时 $F(\sqrt{a})$ 是 F 上的真扩张,按推论 2.2.2,它是 F 的一个实代数扩张,而与所设矛盾.

(ii)的第一个等号显然成立. 今证 $S_F=F^2$. 只需验证,对于任何 $x\in F$,皆有 $1+x^2\in F^2$. 若对于某个 $c\in F$,有 $a=1+c^2\notin F^2$,则 $F(\sqrt{a})$将是 F 的实代数扩张. 同样导致矛盾. 因此(ii)成立.

(iii)欲证 F^2是 F 的序,只需验证(2.1.1)的条件(2),如果 $a\notin F^2$,则 $F(\sqrt{a})$将不是 F 的实扩张,从而有

$$\begin{aligned}-1&=\sum_{i=1}^{m}(c_i+d_i\sqrt{a})^2\\&=\sum_{i=1}^{m}c_i^2+a\sum_{i=1}^{m}d_i^2+2\sqrt{a}\sum_{i=1}^{m}c_id_i\end{aligned}$$

其中 $c_i,d_i\in F$. 由于$\sqrt{a}\notin F$,上式可简化成为

$$-1=\sum_{i=1}^{m}c_i^2+a\sum_{i=1}^{m}d_i^2$$

又因为 F 是实域,故 $\sum_{i=1}^{m}d_i^2\neq0$. 于是

$$-a=\frac{1+\sum_{i=1}^{m}c_i^2}{\sum_{i=1}^{m}d_i^2}\in Q=F^2$$

即条件(2)成立. 因此 F^2是(F,Q)的序,而且是唯一的序.

从这个命题得知,实闭亚序域(F,Q)事实上就是实闭的实域(F,S_F). 因此,我们今后不妨迳称作实闭域. 上述命题还指出:

推论 实闭域(F,S_F)只有唯一的序 F^2.

现在我们来考虑,以 F^2作为序的域 F,是否必然为实闭域? 首先有以下的引理:

引理 若 F^2是 F 的序,则 $\mathrm{i}=\sqrt{-1}\notin F$,并且 $K=F(\sqrt{-1})$上无 2 次扩张.

证明 第一个断言是显然成立的,按所设,有 $F=F^2\cup(-F^2)$,从而对于 $-a^2$,有 $-a^2=(\mathrm{i}a)^2\in K$,即 F 中每个元素都是 K 中的完全平方. 引理的后一论断等同于 $K=K^2$. 不失一般性,取 $a+2\mathrm{i}$. 现在来求 $x,y\in F$,使得$(x+y\mathrm{i})^2=a+2\mathrm{i}$,或者求解下面的联立方程

$$\begin{cases}x^2-y^2=a\\ xy=1\end{cases}$$

令 $\lambda=x^2$. 由上式,λ 应是方程

$$X^2-aX-1=0 \tag{2.3.1}$$

在 F 中的解. (2.3.1)的判别式是 a^2+4,在由 F^2所定的序关系下,应有 $a^2+4\underset{F^2}{>}0$. 今以 $\sqrt{a^2+4}$表示它在 F 内的正平方根. 从(2.3.1)解出 $\lambda=\dfrac{a+\sqrt{a^2+4}}{2}$. 若 $\lambda\underset{F^2}{\geqslant}0$,此时有 $x\in F$,使得 $\lambda=x^2$,从而断言成立. 如果不然,则 $a+\sqrt{a^2+4}\underset{F^2}{\leqslant}0$,从而

$$a-\sqrt{a^2+4}=(a+\sqrt{a^2+4})-2\sqrt{a^2+4}\underset{F^2}{<}0$$

由此又导致

$$\begin{aligned}-4&=a^2-(a^2+4)\\&=(a+\sqrt{a^2+4})(a-\sqrt{a^2+4})\underset{F^2}{\geqslant}0\end{aligned}$$

矛盾.

命题 2.3.2 域 F 有 F^2作为它的序,当且仅当 $\mathrm{i}=\sqrt{-1}\notin F$,并且 F 上无次数为 2^l 的 Galois 扩张,l

是任何大于或等于2的整数.

证明　先证必要性,设 F^2 是 F 的序,此时 $\mathrm{i}\notin F$ 显然成立. 若 F 上有4次(或4次以上)的 Galois 扩张 K,则必有某个 $u\in K$,使得 $F(u)\neq F(\mathrm{i})$,并且满足 $[F(u,\mathrm{i}):F(\mathrm{i})]=2$,这与引理的结论相矛盾.

充分性. 首先,如上段所证,$F(\mathrm{i})$ 是 F 上仅有的2次扩张. 现在证明 F^2 是 F 的序. (2.1.1)的条件(1)是易知的,因为 $-1\notin F^2$. 设 $c\in F\backslash F^2$. 于是 $F(\sqrt{c})=F(\mathrm{i})$,从而 $\sqrt{c}=a+b\mathrm{i},a,b\in F$. 由此得到 $c=a^2-b^2$;以及 $ab=0$. 后者又导致 $a=0,b\neq0$,从而 $c=-b^2\in-F^2$. 这证明了(2.1.1)的(2). 欲证(2.1.1)的(3),只需证明 $F^2+F^2=F^2$. 如果不然,则有 $a^2+b^2\notin F^2$. 从而 $a^2+b^2=-d^2$,或者

$$\left(\frac{a}{d}\right)^2+\left(\frac{b}{d}\right)^2=-1$$

为简便,不妨迳设 $a^2+b^2=-1$,其中 $a,b\neq0$. 令 $\alpha=a+b\mathrm{i}$. 今断言,α 不是 $F(\mathrm{i})$ 中的完全平方. 因若 $\alpha=x^2,x\in F(\mathrm{i})$,则 $\bar{\alpha}=a-b\mathrm{i}=-\dfrac{1}{\alpha}$,从而

$$-1=\alpha\bar{\alpha}=x^2\bar{x}^2=(x\bar{x})^2\in F^2$$

矛盾. 由此得到 $F(\mathrm{i})$ 上的2次扩张 $F(\mathrm{i},\sqrt{\alpha})=F(\sqrt{\alpha})$,它又是 F 上的4次扩张,$\sqrt{\alpha}$ 在 F 上的共轭元是

$$\sqrt{\alpha},\ -\sqrt{\alpha},\ \sqrt{a-b\mathrm{i}}=\frac{\mathrm{i}}{\sqrt{a+b\mathrm{i}}}=\frac{\mathrm{i}}{\sqrt{\alpha}},\ -\frac{\mathrm{i}}{\sqrt{\alpha}}$$

不难验证,它们是互异的. 这表明了 $F(\sqrt{\alpha})/F$ 是一个4次 Galois 扩张,矛盾.

上述命题指出,当 F^2 为 F 的序时,F 上仅有的次数为 $2^l(l\geqslant1)$ 的扩张只能是 $F(\mathrm{i})$,但 $F(\mathrm{i})$ 不是实域. 结合推论2.2.1,就有如下的刻画:

定理 2.3.1　F 成为实闭域,当且仅当 F^2 是 F 的序,同时 F 上无奇数次的扩张.

实闭域 F 作为序域 (F,F^2) 而论,从上述定理以及命题 2.3.2,可知它又是极大序域. 这个事实的逆理也是成立的,今有:

命题 2.3.3　极大序域是实闭域.

证明　设 (F,P) 是一个极大序域,首先来证 $P=F^2$. 为此,只需证明 $P\subseteq F^2$. 因若有 $a\in P\backslash F^2$,则 $F(\sqrt{a})$ 是 F 上的真代数扩张. 按所设及命题 2.2.1,应有 $-1=\sum\limits_{i=1}^{m}(c_i+d_i\sqrt{a})^2$. 如命题 2.3.1(i)的证明一样,必将导致 $-1\in P$,此为不可能.

其次,(F,P) 上无奇数次扩张. 因若 K/F 是一个奇数次扩张,按推论 2.2.1,K 是实域;从而 K 有序. 令 P' 是其中之一,根据上段的证明,$P=F^2$ 是 F 唯一的序. 因此,$P'\cap F=P$,即 (F,P) 不是极大序域,矛盾. 命题的结论由定理 2.3.1 即得.

这个命题与前面所提到的事实表明,实闭域与极大序域事实上是一致的.

以下,我们继续讨论实闭域:

命题 2.3.4　若 F 是实闭域,则 $F(\sqrt{-1})$ 是一个代数闭域.

证明　只需证明,任何一个次数大于或等于 1 的多项式 $f(X)\in F(\sqrt{-1})[X]$,在 $F(\sqrt{-1})$ 上必可分解成一次因式之积. 令 $\bar{f}(X)$ 是对 $f(X)$ 的每个系数 $a+b\sqrt{-1}$ 改换成 $a-b\sqrt{-1}$ 而得到的多项式. 于是有 $f(X)\bar{f}(X)\in F[X]$. 今以 Ω 表示 $f(X)\bar{f}(X)$ 在 F 上的分裂域. 由于 F 上无奇数次扩张,故 $[\Omega:F]=2^l$. 从命题 2.3.2 知有 $l\leqslant 1$. 如该命题所示,Ω 只能是 $F(\sqrt{-1})$.

这证明了 $f(X)$ 在 $F(\sqrt{-1})$ 上分解成一次因式之积.

上面这个性质,实际上也可以用来刻画实闭域. 今有:

定理 2.3.2　F 成为实闭域,当且仅当 $\mathrm{i}=\sqrt{-1}\notin F$,同时 $F(\mathrm{i})$ 是代数闭域.

证明　只需证明充分性. 在命题 2.3.2 的证明中已见到,此时 $F(\mathrm{i})$ 是 F 上仅有的 2 次扩张,从而 F^2 是 F 的序. 假若 F 不是实闭的,则 F 上有奇数次的扩张 $F(u)$. 但 $F(u,\mathrm{i})=F(\mathrm{i})$,故 $u\in F(\mathrm{i})$,即 $F(u)$ 不可能是 F 上奇数次的真扩张,矛盾. 按定理 2.3.1,即知 F 是个实闭域.

从上面的定理可以知道,在一个实闭域 F 上,任何多项式 $f(X)\in F[X]$,必然可表示成一次因式与 2 次不可约因式的乘积. 因若 $X-(a+b\mathrm{i})$ 是 $f(X)$ 在 $F(\mathrm{i})$ 上的一个因式,其中 $b\neq 0$,则 $X-(a-b\mathrm{i})$ 也同样是 $f(X)$ 的一个因式,从而 $(X-a)^2+b^2$ 就是 $f(X)$ 在 F 上的一个不可约因式. 从这个事实出发,很容易得到实闭域上多项式所具有的一个性质:设 $f(X)\in F[X]$,称 $f(X)$ 具**有中间值性质**,是指下面的条件成立:

对于任何 $a,b\in F,a\underset{P}{<}b$,由 $f(a)f(b)\underset{P}{<}0$ 必然导致存在某个 $c\in\,]a,b[_P$ 使得　　(2.3.2)

$$f(c)=0$$

上面已经指出,实闭域上任何多项式必可分解成为一次因式与二次不可约因式之积,而且后者是一个平方和. 因此,只有一次因式才参与正、负号的改变. 在实闭域中,开区间定出一个拓扑,称为 F 的开区间拓扑. 关于这个拓扑,任何一个多项式 $f(X)$ 都是连续的. 因此,从 $f(a)f(b)\underset{P}{<}0$,必然可得到某个 $c\in\,]a,b[_P$,使得 $f(c)=0$. 这说明了,实闭域上的任何一个多项式都

具有中间值性质.

另一方面,中间值性质又可以反过来刻画实闭域,今有:

命题 2.3.5 (F,P) 成为实闭域,当且仅当 F 上任何一个多项式都具有中间值性质.

证明 必要性已证明如上. 今证其逆. 设 $a\in\dot{P}$,又令 $f(X)=X^2-a$,若 $a\underset{P}{<}1$,则 $f(0)f(1)\underset{P}{<}0$,从而在某个 $c\in\,]0,1[_P$,使得 $f(c)=0$,即 $a=c^2$. 对于 $1\underset{P}{<}a$,只要考虑$\dfrac{1}{a}$. 从以上的证明,有 $d\in F$,使得$\dfrac{1}{a}=d^2$,从而 $a=\left(\dfrac{1}{d}\right)^2$. $a=1$ 的情形显然成立,因此有 $P=F^2$.

对于任何一个奇数次的方程 $f(X)=0$,如在分析中一样,总可选择 $a,b\in F$,使得 $f(a)$ 与 $f(b)$ 分别与 $f(X)$ 的首系数有相同或相反的符号(关于 P). 因此,$f(a)f(b)\underset{P}{<}0$. 从而在$]a,b[_P$ 中有某个 c,使得 $f(c)=0$. 按定理 2.3.1,命题成立.

为以后的应用出发,我们还需要对实闭域 F,来讨论纯超越扩张 $K=F(t)$ 的序,根据命题 2.2.1,K 是个实域,从而 K 的任何一个序$\leqslant$,必然是 F 的序$\underset{F^2}{\leqslant}$的拓展. 为了确定$\leqslant$的类型,今作如下的考虑:称子集

$$D=\{a\in F\mid a<t\} \tag{2.3.3}$$

为$\leqslant$和 t 在 F 上所确定的一个**分割**,显然,从 $b\in D$ 以及 $a\underset{F^2}{<}b$,立即有 $a\in D$. 现在分以下几种可能出现的情形:

(i) $D=F$,此时记 D 为 $+\infty$.

(ii) $D=\varnothing$,此时记 D 为 $-\infty$.

(iii) D 中存在一个最大元 b,此时记 D 为 b_+. 于是,对于任何 $0\underset{F^2}{<}\varepsilon\in F$,皆有 $b+\varepsilon>t$,即 $0<t-b<\varepsilon$.

因此,可称 $t-b$ 为关于 F 的正无限小.

(iv) $F\backslash D$ 中存在一个最小元 b,此时记 D 为 b_-. 与(iii)的情形相似,可称 $t-b$ 为关于 F 的负无限小.

(v) D 不属于以上的四种情形,此时称 D 是**超越的**,或者 F 上的**超越分割**.

例　由所有的实代数数所成的域 $\mathbf{R}_{\mathrm{Alg}}$,据定理 2.3.1,是一个实闭域. 今取 $F=\mathbf{R}_{\mathrm{Alg}}$,$t$ 为 F 上的一个超越元. 若令 $\leqslant$ 为 $\underset{F^2}{\leqslant}$ 在 $F(t)$ 上的拓展,它对于 F 中每个 $a\underset{F^2}{\geqslant}0$,都有 $a<t$,则由此所确定的 $D=+\infty$. 若令 $0<t<a$ 对 F 中每个 $a\underset{F^2}{>}0$ 都成立,则有 $D=0_+$. 类似地可以定出 $-\infty$ 和 0_- 上. 又若令 $t=\pi=3.141\ 5\cdots$,并且以 $\leqslant$ 为 $\mathbf{R}$ 中唯一的序,则由此定出的分割是个超越分割.

现在就以上五种情形来看 $\leqslant$ 在 K 中所定出的正锥. 为此,按 2.1 节末段所指出的,不妨就整环 $F[t]$ 来考虑.

对于分割 $+\infty$,易知

$$P_{+\infty}=\{f(t)=a_0t^n+\cdots+a_n\in F[t]\mid a_0\underset{F^2}{>}0\}$$

是 $\leqslant$ 在 $F[t]$ 中所定出的正锥,它又可以表如

$$P_{+\infty}=\{f(t)\in F[t]\mid \text{对于某个 } b\in F,\text{以及任何 } x\in\,]b,\infty[\,,\text{恒有 } f(X)\underset{F^2}{>}0\}$$

对于分割 $-\infty$,可证明

$$P_{-\infty}=\{f(t)=a_0t^n+\cdots+a_n\in F[t]\mid(-1)^na_0\underset{F^2}{>}0\}$$

是由它所确定的正锥. 同样,它也有与 $P_{+\infty}$ 的第二式相类似的表达,今从略.

当分割 $D=b_+$ 时

$$P_{b_+}=\{F(t)=f(b)+f'(b)(t-b)+\cdots+\frac{f^{(n)}(b)}{n!}(t-b)^n=$$

$$\frac{f^{(m)}(b)}{m!}(t-b)^m[1+含 t-b 的项] \mid f^{(m)}(b) \underset{F^2}{>} 0\}$$

是它所定的正锥.

对于 $D=b_-$,有类似的

$$P_{b_-}=\{f(t)=\frac{f^{(m)}(b)}{m!}(t-b)^m[1+含 t-b 的项] \mid$$

$$(-1)^m f^{(m)}(b) \underset{F^2}{>} 0\}$$

最后来看超越分割 D. 由于 $D \neq \pm\infty$,故应有 a, $b \in F$,使得 $a<t<b$,而且,还可以选取 a,b,使得 $b-a$ 充分小(关于≤),现在令

$$P_D=\{f(t)\in F[t] \mid 对于某对 a,b\in F,有 a<t<b,\\ 且对任何 x\in]a,b[,有 f(X) \underset{F^2}{>} 0\}$$

容易验证,以上的 $P_{+\infty}$,$P_{-\infty}$,P_{b_+},P_{b_-},P_D,都是 $F[t]$中的正锥,而且给出 $\underset{F^2}{\leqslant}$ 在 $F[t]$上所有可能的拓展,从而也给出在 K 中所有的序. 今有:

命题 2.3.6　对于实闭域 F 上的纯超越扩张 $K=F(t)$,它的序是由以上的 $P_{+\infty}$,$P_{-\infty}$,P_{b_+},P_{b_-} 和 P_D 所给出.

2.2 ~2.3 节的内容可参考[23],[33].

2.4　实闭包的唯一性

为了证明序域的实闭包具有某种意义下的唯一性,首先需要判定序域上的方程在实闭包内的根的个数. 在古典的实代数中,斯图姆(Sturm)定理是常用的一种方法,这一方法同样可以移植到实闭域中去. 现在我们采用文献[3]所提供的另一方法,它来自西尔维斯特和埃尔米特的著作.

设$f(X)$是序域(F,P)上的n次多项式,不失一般性,不妨设它在F上是不可约的;又设R是(F,P)的一个实闭包.按定理2.3.2,$R(\sqrt{-1})$是一个代数闭域.令$\alpha_1,\cdots,\alpha_n$是$f(X)=0$在$R(\sqrt{-1})$内的根;又令

$$\sigma_k=\sum_{l=1}^{n}\alpha_l^k,k=0,1,2,\cdots \tag{2.4.1}$$

我们知道,σ_k都可以表示成$f(X)$的系数的有理函数,因此,$\sigma_k\in F$.由这些σ_k,作F上的二次型

$$\rho_f=\rho_f(X_1,\cdots,X_n)=\sum_{i=1}^{n}\sum_{j=1}^{n}\sigma_{i+j-2}X_iX_j \tag{2.4.2}$$

并且称之为$f=f(X)$所属的二次型.经过非退化的线性替换,ρ_f可以化成仅含平方项的标准形式,设为$\sum_{i=1}^{n}a_iX_i^2$.这个二次型又简记作$<a_1,\cdots,a_n>$.今规定

$$\mathrm{sgn}_P<a_1,\cdots,a_n>={}^{\#}\{i\mid a_i\in\dot{P}\}-{}^{\#}\{j\mid a_j\in-\dot{P}\} \tag{2.4.3}$$

并且称之为$<a_1,\cdots,a_n>$关于序P的**符号差**.如在高等代数中证明西尔维斯特惯性定理一样,可以证明若$<a_1',\cdots,a_n'>$是ρ_f的另一个标准形式,则应有

$$\mathrm{sgn}_P<a_1,\cdots,a_n>=\mathrm{sgn}_P<a_1',\cdots,a_n'>$$

由于这一事实,我们不妨把这个与标准形式无关的值$\mathrm{sgn}_P<a_1,\cdots,a_n>$,定义为$\rho_f$关于$P$的符号差,记作$\mathrm{sgn}_P\,\rho_f$.今有:

定理2.4.1 设$f(X)$是(F,P)上一个n次不可约多项式;ρ_f是它所属的二次型;R是(F,P)的一个实闭包.于是有

$${}^{\#}\{\alpha\in R\mid f(\alpha)=0\}=\mathrm{sgn}_P\,\rho_f \tag{2.4.4}$$

证明 设$f(X)=0$在R内的根为$\alpha_1,\cdots,\alpha_m$.由于

F 的特征为 0，以及 $f(X)$ 在 F 上不可约，故只需证明 $m=\operatorname{sgn}_P\rho_f$.

设 $f(X)=0$ 在 $R(\sqrt{-1})$ 内除 $\alpha_1,\cdots,\alpha_m$ 外，尚有 $\alpha_{m+1},\cdots,\alpha_n$. 后者是两两共轭的复根，今改记为 $r_1,\cdots,r_l;\bar{r}_1,\cdots,\bar{r}_l$. 这里 r_j 与 $\bar{r}_j$ 分别具有形式 $a+b\sqrt{-1}$ 和 $a-b\sqrt{-1}$；$a,b\in R$. 按(2.4.2)，有

$$\begin{aligned}\rho_f&=\sum_{i=1}^{n}\sum_{j=1}^{n}\sum_{r=1}^{n}\alpha_r^{i-1+j-1}X_iX_j\\&=\sum_{r=1}^{n}\Big(\sum_{i=1}^{n}\alpha_r^{i-1}X_i\Big)^2\\&=\sum_{r=1}^{m}\Big(\sum_{i=1}^{n}\alpha_r^{i-1}X_i\Big)^2+\sum_{s=1}^{l}\Big[\Big(\sum_{i=1}^{n}r_s^{j-1}X_i\Big)^2+\\&\quad\Big(\sum_{i=1}^{n}\bar{r}_s^{i-1}X_i\Big)^2\Big]\end{aligned}$$

现在令

$$\begin{aligned}Y_r&=\sum_{i=1}^{n}\alpha_r^{i-1}X_i,1\leqslant r\leqslant m\\Y_{m+2s-1}&=\sum_{i=1}^{n}\frac{r_s^{i-1}+\bar{r}_s^{i-1}}{2}X_i,1\leqslant s\leqslant l\\Y_{m+2s}&=\sum_{i=1}^{n}\frac{r_s^{j-1}-\bar{r}_s^{i-1}}{2\sqrt{-1}}X_i,1\leqslant s\leqslant l\end{aligned}\tag{2.4.5}$$

这就给出 R 上的一个线性替换. 由于它的系数行列式是范德蒙德行列式，在所设的条件下不为 0. 因此，(2.4.5)是一个非退化的线性替换，它使 ρ_f 化成 R 上的规范形

$$\sum_{r=1}^{m}Y_r^2+2\sum_{s=1}^{l}Y_{m+2s-1}^2-2\sum_{s=1}^{l}Y_{m+2s}^2$$

即

$$<\underbrace{1,\cdots,1}_{m个};\underbrace{2,\cdots,2}_{l个};\underbrace{-2,\cdots,-2}_{l个}>$$

这就证明了 $\text{sgn}_{R^2}\rho_f=m$. 但 R^2 是 P 在 R 上的拓展,对于 F 上的二次型 ρ_f,应有 $\text{sgn}_P\rho_f=m$.

在给出本节主要结果之前,还需要引进一个概念,设 (F_1,P_1),(F_2,P_2) 是两个序域;τ 是 F_1 到 F_2 的一个同构. 若有 $\tau(F_1)=F_2$,以及 $\tau(P_1)=P_2$,则称 τ 是个保序同构,或者说,(F_1,P_1) 与 (F_2,P_2) 是序同构的. 又若 $\tau(F_1)\subset F_2$ 以及 $\tau(P_1)\subset P_2$,则称 τ 是个保序嵌入. 今有:

引理　设 R_1,R_2 是 (F,P) 的两个实闭包;又设 $(F,P)\subseteq(K,P')\subseteq(R_1,R_1^2)$. 若 K/F 是一个有限扩张,则至少存在一个从 (K,P') 到 (R_2,R_2^2) 的保序 F-嵌入.

证明　设 $[K:F]>1$;$K=F(u)$,$u\in R_1$,u 在 F 上的极小多项式记以 $f(X)$. 于是有 $\text{sgn}_P\rho_f>0$. ρ_f 是 $f(X)$ 所属的二次型. 按定理 2.4.1,$f(X)=0$ 在 R_2 内有解,设为 $\beta_1,\cdots,\beta_m$. 由映射

$$u\mapsto\beta_j,j=1,\cdots,m$$

可给出 m 个从 K 到 R_2 内的 F-嵌入,记作 τ_j. 今证明,至少有一个 τ_j 是保序的. 因若不然,则对每个 j,有 $a_j\in\dot{P}'$,使得 $\tau_j(a_j)\notin R_2^2$,$j=1,\cdots,m$. 作

$$K'=K(\sqrt{a_1},\cdots,\sqrt{a_m})\subseteq R_1$$

由于 $[K':F]<\infty$,可以对 K' 使用以上论证,于是得到从 K' 到 R_2 内的 F-嵌入 τ,它在 K 上的限制必然是某个 τ_k,$1\leqslant k\leqslant m$. 此时有

$$\tau_k(a_k)=\tau(a_k)=\tau(\sqrt{a_k})^2\in R_2^2$$

矛盾.

回到主要的问题上来,现在设 R_1,R_2 是 (F,P) 的两个实闭包. 不失一般性,不妨设它们都包含在 F 的某个代数闭包 $\hat{F}$ 之内,任取 $\alpha\in R_1\setminus F$;又令 $f(X)$ 是 α 在 F 上的极小多项式;$\alpha_1=\alpha,\alpha_2,\cdots,\alpha_m$ 是 $f(X)=0$ 在 R_1 内的全体根,按定理 2.4.1,$f(X)=0$ 在 R_2 内有同

样多的根,即 $\beta_1,\cdots,\beta_m$. 由引理,存在由 $F(\alpha_1,\cdots,\alpha_m)$ 到 R_2 内的保序 F－嵌入 τ. 如果在 R_1 和 R_2 内分别有

$$\alpha_1 \underset{R_1^2}{<} \alpha_2 \underset{R_1^2}{<} \cdots \underset{R_1^2}{<} \alpha_m$$

和

$$\beta_1 \underset{R_2^2}{<} \beta_2 \underset{R_2^2}{<} \cdots \underset{R_2^2}{<} \beta_m$$

则应有

$$\tau(\alpha_j) = \beta_j, j = 1,\cdots,m$$

因此,这个保序嵌入是唯一的.

另一方面,由于 R_1 可以由其中所有在 F 上的有限子扩张而得,通过 Zorn 引理的论断,即可得知存在一个唯一的,从 R_1 到 R_2 的保序 F－同构 τ,τ 是满射的,因为任何一个 $\beta \in R_2$,它在 F 上的极小多项式必然在 R_1 中有零点. 从上面的论证,可知 β 应是 R_1 中某个元素关于 τ 的象元. 这就证明了:

定理 2.4.2 设 R 是序域 (F,P) 的一个实闭包,则除保序 F－同构不计外,R 是唯一确定的.

由于这个定理,我们可以迳称 R 是 (F,P) 的实闭包. 又从定理的证明得知,R 的保序 F－自同构只能是恒同自同构.

推论 设 K 是 (F,P) 的有限扩张,$K=F(u)$;又设 u 在 F 上的极小多项式为 $f=f(X)$. 于是,P 能拓展于 K,当且仅当 $\operatorname{sgn}_P \rho_f > 0$.

本节的内容可参考[2],[5],[33].

2.5 实赋值环与实位

设 B 是域 F 的一个子环. 如果对于 F 中每个 $x \neq 0$,必有 x 或者 x^{-1} 属于 B,就称 B 是 F 的一个赋值

环;特别当 $B=F$ 时,称它为平凡赋值环. 从赋值环可以在 F 中规定一种可除性. 当 $\frac{y}{x}\in B$ 时,我们称 x(关于 B)可整除 y. 今有:

引理 2.5.1　设 B 是 F 的一个赋值环. 对于 F 中任意有限多个元素 $x_1,\cdots,x_n$,必有某个 x_i,它可以整除所有的 x_j.

证明　$n=2$ 时由定义立即可知. 对于任意的 n,可使用归纳法.

在赋值环 B 中,对于 $x\in B$,若有 $x^{-1}\in B$,就称 x 是 B 中的单元;否则,称它为 B 中的非单元. B 中所有的单元组成一个乘群,记作 U;所有的非单元组成一个理想 M,易知,M 是 B 中唯一的极大理想,称作 B 的赋值理想. 以下我们常以(B,M)表示赋值环及其赋值理想,并且简称它为域的赋值环. B 关于 M 的剩余类环 B/M,此时成一个域,称作(B,M)的剩余域. 今有:

定义　设(B,M)是域 F 的一个赋值环. 若剩余域 B/M 是实域,就称(B,M)为 F 的实赋值环.

对于实赋值环,我们先给出以下的刻画:

引理 2.5.2　设(B,M)是 F 的一个赋值环. 以下诸论断是等价的:

(i)(B,M)是实赋值环;

(ii)由 $\sum_{i=1}^{m}a_i^2\in B,a_i\in F$,可得 $a_i\in B,i=1,\cdots,m$;

(iii)由 $\sum_{i=1}^{n}b_i^2\in M,b_i\in F$,可得 $b_i\in M,i=1,\cdots,n$.

证明　(i)⇒(ii). 若 $m=1$,(ii)显然成立,因为 $F\backslash B$是乘法封闭的. 今设 $m\geqslant 2$. 按引理 2.5.1,必有某个 a_i,设为 a_1,可整除所有的 a_j,因此

$$a_1^2+\cdots+a_m^2=a_1^2(1+a_2'^2+\cdots+a_m'^2)\in B$$

其中 $a_i^2 \in B$；又由于 B/M 是实域，所以 $1 + a_2'^2 + \cdots + a_m'^2 \notin M$，故 $1 + a_2'^2 + \cdots + a_m'^2 \in B \backslash M = U$. 由此导致 $a_1^2 \in B$，以及 $a_1 \in B$. 从而又有 $a_i = a_1 a_i' \in B$，即(ii)成立.

(ii)⇒(iii). 设 $b_1^2 + \cdots + b_n^2 = b \in M$. 由(ii)，每个 $b_i \in B$，不失一般性，不妨设每个 $b_i \in U$. 若 $b \neq 0$，则 $b^{-1} \in F \backslash B$. 由

$$b^{-2}(b_1^2 + \cdots + b_n^2)^2 = 1 \in B$$

可得 $b^{-2}b_i^4 \in B, i = 1, \cdots, n$. 但由 $b_i \in U$，应有 $b^{-2}b_i^4 \in F \backslash B$，矛盾，若 $b = 0$，只需任取 $d \in F \backslash B$，此时有 $d^2(b_1^2 + \cdots + b_n^2) = 0 \in B$. 按(ii)，有 $db_i \in B$，矛盾.

(iii)⇒(i). 显然成立.

命题 2.5.1　域 F 有实赋值环，当且仅当 F 是实域.

证明　设 F 是实域，P 是它的一个序，又设 K 是 F 的一个子域(可以是它的素子域). 令

$$B = B(K, P) = \{x \in F \mid |x|_P \underset{P}{\leqslant} |a|_P, a \text{ 为 } K \text{ 的一个元素}\} \tag{2.5.1}$$

$$M = M(K, P) = \{x \in F \mid |x|_P \underset{P}{\leqslant} |a|_P, a \text{ 遍取 } K \text{ 中所有的 } a \neq 0\} \tag{2.5.2}$$

易知(B, M)是 F 的一个赋值环，又由于 $S_F \subseteq P$，从

$$x_1^2 + \cdots + x_n^2 \in B$$

即知每个 $x_i^2 \in B$，从而 $x_i \in B$. 按引理 2.5.2 知(B, M)是 F 的一个实赋值环.

反之，设(B, M)是 F 的一个实赋值环. 由定义，B/M是实域. 今设 $\bar{P}$ 是它的一个序，对于 $a \in B$，记 $\bar{a} = a + M \in B/M$. 作 F 的子集

$$Q = F^2\{a \in B \mid \bar{a} \in \bar{P}\} \tag{2.5.3}$$

今证明 Q 是 F 的一个亚序，$Q \cdot Q \subseteq Q$ 显然可知，今设 $x^2a, y^2b \in Q$. 不失一般性，设 x^2a 可整除 y^2b. 于是

$x^2a+y^2b=x^2a\left(1+\left(\frac{y}{x}\right)^2\frac{b}{a}\right)$. 由于$\overline{\left(\frac{y}{x}\right)^2\frac{b}{a}}\in\bar{P}$,以及$B/M$是实域,故$1+\left(\frac{y}{x}\right)^2\frac{b}{a}\notin M$. 因此$\left(1+\left(\frac{y}{x}\right)^2\frac{b}{a}\right)\in U$,并且$\overline{\left(1+\left(\frac{y}{x}\right)^2\frac{b}{a}\right)}\in\bar{P}$. 从而$x^2a+y^2b\in Q$,即$Q+Q\subseteq Q$. 最后,若有$-1=x^2a\in Q$,则$-\bar{1}=\overline{x^2a}\in\bar{P}$,矛盾,因此$-1\notin Q$,即$Q$是个亚序. 再据引理2.1.3,$F$有序,从而$F$是实域.

由(2.5.1),(2.5.2)所规定的赋值环(B,M),称为F中序P关于子域K的典型赋值环.

注意1　命题中出现的实赋值环可能是平凡的. 例如,$F=\mathbf{Q}$时,$\mathbf{Q}$只有唯一的序和唯一的实赋值环$(\mathbf{Q}_1(0))$.

注意2　由(2.5.1),(2.5.2)所作出的实赋值环(B,M),其剩余域B/M包含一个同构于K的子域.

现在我们再来看序域中的赋值环. 今有:

命题2.5.2　对于序域(F,P)中的赋值环(B,M),以下的论断是等价的:

(i)由$0\underset{P}{<}a\underset{P}{<}b\in B$,$a\in F$,可得$a\in B$;

(ii)由$0\underset{P}{<}a\underset{P}{<}b\in M$,$a\in F$,可得$a\in M$;

(iii)$1+M\subset\dot{P}$.

证明　(i)⇒(ii). 假若(ii)不成立,则应有$a\in U$. 由于$b^{-1}\in\dot{P}$,故

$$0\underset{P}{<}ab^{-1}\underset{P}{<}1$$

其中$b^{-1}\notin B$,从而$ab^{-1}\notin B$. 但$1\in B$,按(i),应有$ab^{-1}\in B$,矛盾,所以(ii)成立.

(ii)⇒(iii). 如果对某个$0\underset{P}{<}m\in M$,有$1-m\notin\dot{P}$,

即 $1-m \underset{P}{<} 0$,或者 $0 \underset{P}{<} 1 \underset{P}{<} m$. 由(ii),应有 $1 \in M$,矛盾. 因此(iii)成立.

(iii)$\Rightarrow$(i). 设在(i)中 $a \notin B$,则 $a^{-1} \in M$. 于是有 $0 \underset{P}{<} 1 \underset{P}{<} ba^{-1} \in M$,从而 $1-ba^{-1} \in 1+M$,以及 $1-ba^{-1} \underset{P}{<} 0$,矛盾. 这就证明了(i).

满足命题 2.5.2 的论断的(B,M),称为与 F 的序 P 是**相容的**,也可称作 B 和 M 关于 P 是**凸的**.

推论 (B,M)与 F 的序 P 是相容的,当且仅当 P 在剩余域 B/M 上诱出一个序

$$\bar{P} = \{\bar{a} = a + M \mid a \in P\} \qquad (2.5.4)$$

证明 设(B,M)与 P 是相容的,首先证明由(2.5.4)所定的 $\bar{P}$ 是有效的. 因若 $\bar{a} = a + M = a' + M$,其中 $a \in \dot{P}, a' \in -\dot{P}$,则有 $a' = a - m \underset{P}{<} 0$,即 $0 \underset{P}{<} a \underset{P}{<} m \in M$,从而 $a \in M$,矛盾. 其次,只需验证 $-\bar{1} \notin \bar{P}$. 因若不然,则有 $-1+m \in P$,即 $0 \underset{P}{\leqslant} m-1$,或者

$$0 \underset{P}{<} 1 \underset{P}{\leqslant} m \in M$$

从而 $1 \in M$,矛盾. 由此得知 $\bar{P}$ 是 B/M 的一个序.

反之,若(2.5.4)给出 P 在 B/M 上诱出的序,此时$\bar{1} \in \bar{P}$,即 $1+M \subset P$. 按命题,可知(B,M)与 P 是相容的.

由序与赋值环的相容性,可以用以刻画实赋值环. 今有:

命题 2.5.3 (B,M)成为 F 的实赋值环,当且仅当(B,M)与 F 的某个序是相容的.

证明 设(B,M)是实赋值环,即 B/M 是一个实域,令 $\bar{P}$ 是 B/M 的一个序;Q 是 F 上根据(2.5.3)所作出的亚序. 对于任何 $m \in M$,据(2.5.3)有$\overline{1+m} = \bar{1} \in \bar{P}$,即 $1+m \in Q$. 从而 $1+M \subset Q$. 对于任何一个满足

$Q\subseteq P$ 的序 P,都有 $1+M\subset P$,因此,按命题2.5.2,(B,M)与 P 是相容的.

反之,设(B,M)与序 P 相容,此时 $B\cap P$ 可给出 B/M 上的一个序 $\bar{P}$,只要对 $a\in U$ 规定

$$\bar{a}=a+M\in\bar{P},\text{当且仅当 } a\in P$$

首先,这个规定是有效的. 因若 $a+M=a'+M$,其中 $a'\in -P$,则 $a'=a+m\in -P$. 由此有 $0\underset{P}{<}a\underset{P}{<}-m\in M$,从而 $a\in M$,矛盾. 欲知 $\bar{P}$ 是一个序,只需验证 $-\bar{1}\notin\bar{P}$. 如果 $-\bar{1}\in\bar{P}$,则 $-\bar{1}=\bar{a}=a+M$,$a\in U\cap P$. 从而 $1+a\in M$,$-a\in 1+M\subset\dot{P}$,矛盾. 这证明了 $\bar{P}$ 是 B/M 的一个序,从而 B/M 是实域,即(B,M)是一个实赋值环.

在命题2.5.1的证明中,给出了一种从 B/M 的某个序 $\bar{P}$,以做出 F 中亚序的方法,事实上,我们还可以进一步做出 F 中的序,使得它在 B/M 上所诱出的,正是事先所给的 $\bar{P}$. 现在来从事这一构作.

设子集 $T\subset\dot{F}$. 若 T 中任意有限多个相异元素的乘积都不能表如 es,$e\in U$,$s\in S_F$,就称 T 是 S_F – 无关的. 空集($\varnothing$)是 S_F – 无关的. 由 Zorn 引理,$\dot{F}$ 中存在极大的 S_F – 无关子集,令 T 为其一. 据此定义,自然有 $T\cap U=\varnothing$. 又对于任何 $x\in\dot{F}\setminus T$,必然有 $xt_1\cdots t_n=es'$,$t_i\in T$,$e\in U$,$s'\in S_F$. 这种关系显然可以改写成

$$x=est_1\cdots t_n,e\in U;s\in S_F,t_i\in T \quad (2.5.5)$$

如果 x 还可以另表如 $x=e's't_1'\cdots t_m'$,则有

$$x^2=ee'ss't_1\cdots t_nt_1't_2'\cdots t_m'$$

或者有

$$t_1\cdots t_nt_1'\cdots t_m'=\frac{1}{ee'}\cdot\frac{x^2}{ss'}$$

但$\frac{1}{ee'}\in U$,$\frac{x^2}{ss'}\in S_F$. 由 T 的 S_F – 无关性,这种情形

只有在 $n=m$，以及 $\{t_1,\cdots,t_n\}=\{t'_1,\cdots,t'_n\}$ 的场合下才能出现．这证明了(2.5.5)中出现的 $t_1,\cdots,t_n$ 是由 x 唯一确定的，但 e 与 s 可以有不同的取法.

现在按以下的方式，来规定一个映射

$$\sigma:\dot{F}\to\{\pm 1\}$$

对于 $x\in U$，令 $\sigma(x)=1$，当且仅当 $\bar{x}=x+M\in\dot{\bar{P}}$. 从而 $\sigma(1)=1,\sigma(-1)=-1$. 对于 $x\in T$，可以任意指定 $\sigma(x)$，但要求 $\sigma(xy)=\sigma(x)\sigma(y)$. 对于 $x\in\dot{S}_F$，规定 $\sigma(x)=1$. 据命题 2.5.1，此时 F 是实域，$-1\notin S_F$. 因此，这样的规定是合理的. 最后，对于 $x\in\dot{F}\backslash T$，若 x 表如(2.5.5)的形式，则规定

$$\sigma(x)=\sigma(e)\sigma(t_1)\cdots\sigma(t_n) \qquad (2.5.6)$$

如以上所论，如果又有 $x=e's't_1\cdots t_n$，则 $es=e's'$. 从而 $\frac{e}{e'}\in\dot{S}_F$. 因此 $\sigma(e)=\sigma(e')$. 这就表明了(2.5.6)以及上面的全部规定都是有效的，而且又满足 $\sigma(xy)=\sigma(x)\sigma(y)$；$x,y\in\dot{F}$. 现在令

$$P=\{x\in F\mid x=0\text{ 或者 }\sigma(x)=1\} \qquad (2.5.7)$$

欲证 P 成为 F 的一个序，只需验证 $P+P\subseteq P$，以及 $P\cdot P\subseteq P$. 后者是明显的. 至于前者，设 $x,y\in\dot{P}$，以及 $\frac{y}{x}\in B$. 若 $\frac{y}{x}\in M$，则 $\overline{1+\frac{y}{x}}=\bar{1}$，从而 $\dot{\sigma}(1+\frac{y}{x})=1$. 如果 $\frac{y}{x}\in U$，按 σ 的规定方式，应有 $\sigma(\frac{y}{x})=1$，故 $\overline{\frac{y}{x}}\in\dot{\bar{P}}$，$\overline{(1+\frac{y}{x})}=\bar{1}+\overline{\frac{y}{x}}\in\dot{\bar{P}}+\dot{\bar{P}}\subseteq\dot{\bar{P}}$，即 $1+\frac{y}{x}\in P$. 从而有 $x+y=x(1+\frac{y}{x})\in P\cdot P\subseteq P$，即 $P+P\subseteq P$ 成立. 因此，

(2.5.7)规定了 F 的一个序. 又从(2.5.7)得知 $x \in U \cap P$,当且仅当 $\bar{x} = x + M \in \dot{\bar{P}}$,即 P 在 B/M 上所诱出的序恰是事先所给的 $\bar{P}$;此外,$1 + M \subset \dot{\bar{P}}$ 还示明了(B, M)与 P 是相容的.

从以上的论证,即得:

命题 2.5.4(Krull)　设(B,M)是 F 的一个实赋值环. $\bar{P}$ 是 B/M 上一个给定的序,于是 F 中有序 P,使得(B,M)与 P 是相容的,并且 P 在剩余域 B/M 上诱出序 $\bar{P}$.

以下我们再来引进一个与赋值环有关的概念,令 F,L 是任意两个域;∞ 是 L 以外的一个符号,它与 L 中元素的运算,按如下的方式来规定

$$
\begin{aligned}
& x \cdot \infty = \infty \cdot x = \infty \cdot \infty = \infty;x \neq 0 \\
& x \pm \infty = \infty \pm y = \infty;x,y \in L \qquad (2.5.8) \\
& \frac{1}{\infty} = 0, \frac{1}{0} = \infty
\end{aligned}
$$

所谓 F 的一个 L-值位 φ,是指同态映射

$$\varphi: F \to L \cup \{\infty\}$$

不失一般性,不妨把 L 等同于 φ 所取的象,此时 φ 是个满射同态. 又如果 φ 是从 F 到 L 的同构,就称 φ 为一个平凡位. 从位 φ,可以得到 F 中两个子集

$$
\begin{aligned}
B_\varphi &= \{x \in F \mid \varphi(x) \in L\} \\
M_\varphi &= \{x \in F \mid \varphi(x) = 0\}
\end{aligned} \qquad (2.5.9)
$$

容易验明,(B_φ, M_φ)是 F 的一个赋值环,称作位 φ 的赋值环;当这个赋值环为实赋值环时,就称 φ 为 F 的一个**实位**. 由于设 φ 是满射的,故有 $B_\varphi / M_\varphi \simeq L$,因此也等于说,在 L 是实域时,F 的 L-值位是实位. 两个位 φ_1, φ_2,若用相同的赋值环,就称为等价的,记以 $\varphi_1 \sim \varphi_2$.

由上面的讨论可以见到,位和赋值环这两个概念

是可以互易的. 若从(B,M)开始,可以得到 F 的一个 B/M - 值位 φ_B,只需作如下的规定

$$\varphi_B: X \mapsto \begin{cases} x+M & 当\ x \in B \\ \infty & 当\ x \notin B \end{cases} \qquad (2.5.10)$$

从赋值环的性质可以验知,∞ 与 B/M 中元素间的运算是满足(2.5.8)的运算律,因此,φ_B 是 F 的一个位,称为由赋值环(B,M)所定的**正规位**. 当 B 包含一个子域 K,B/M 也包含 K 的同构象. 如果把 K 与它在 B/M 内的同构象等同起来,则 φ_B 在 K 上的限制是恒同映射. 我们称这样的位是 F 的一个 **K - 位**. 从命题 2.5.1 及其证明可知,对于实域 F 的任何一个序,以及任何一个子域 K,(2.5.1)和(2.5.2)给出它的一个实赋值环,从而又得到一个实位,而且是 K - 位. 这个位可称作**序 P 关于子域 K 的典型位**. 特别在取 $K=\mathbf{Q}$ 时,$B(\mathbf{Q},P)$和 $M(\mathbf{Q},P)$分别简记作 $B(P)$和 $M(P)$,且又称$(B(P),M(P))$为 F 中**关于序 P 的典型赋值环**,由之而定的正规位,为 F **关于 P 的典型位**,记以 φ_P. 另一方面,P 在剩余域 $B(P)/M(P)$上按(2.5.4)所规定的序 $\bar{P}$ 是个阿基米德序. 根据熟知的赫尔德定理,存在一个从该剩余域到 $\mathbf{R}$ 内的序同构 λ. 令 $\varphi=\lambda\circ\varphi_P$,于是

$$\varphi: F \to \mathbf{R} \cup \{\infty\}$$

是一个取实数值的 $\mathbf{Q}$ - 位(此处 φ 不必是满射的),简称作 F 的**实数值位**. 结合以上的论证与命题 2.5.1 以及定理 2.1.1,即有:

定理 对于任意域 F,以下诸论断是等价的:

(i) F 是实域;

(ii) F 有序;

(iii) F 有实数值位.

在下一节,我们还将论及位与序的关系——它们的相容性.

赋值环与序(以及亚序)的相容性概念,它的根源可以追溯到 R. Baer(1927)和 W. Krull(1932)的工作.

2.6　阿廷 – 朗理论

在前面几节中,我们已对实域理论的基础作了一个简略的介绍,对于解决希尔伯特第十七问题来说,当今最常用的代数方法,乃是朗在 20 世纪 50 年代发展阿廷理论而做的工作. 此工作,现在通常称作阿廷 – 朗理论. 在本节中,我们将介绍其主要结果. 但应指出,这一理论在实代数和实代数几何中起着基本的作用,而并不局限于解答希尔伯特的第十七问题.

在域 F 上有限生成的整环,称作 F **上的仿射代数**(或者 F – **仿射代数**),它也就是多项式环 $F[X_1,\cdots,X_n]$ 的一个同态象. 而且该同态的核为 $F[X_1,\cdots,X_n]$ 中的素理想. 整环的商域,当它关于 F 的超越次数大于或等于 1 时,称为 F 上的**函数域**;特别在它同时又是实域时,称为**实函数域**;因此,所谓 F 上的实函数域,是指 F 上有限生成且关于 F 的超越次数大于或等于 1 的实域. 现在我们先就 F 为实闭域的情形,来给出一个主要结论:

定理 2.6.1　设 F 是一个实闭域,K 是 F 上的实函数域. 若 $\{x_1,\cdots,x_n\}$ 是 K 中的一个有限组,则存在 K 的某个 F – 位

$$\varphi: K \to F \cup \{\infty\}$$

使得 $\varphi(x_i) \in F, i=1,\cdots,n$.

在给出它的证明之前,先证一个引理:

引理　设 F 是实闭域;$\{h_j(X)\}_{j\in\Delta}$ 是有理函数域 $F(X)$ 中的一个有限组,且每个 $h_j(X)$ 都不恒等于 0. 设

P 是实域 $F(X)$ 的一个序，于是，在 F 中有无限多个 c，使得：

(i) 每个 $h_j(c)$ 都有定义，$j\in\Delta$；

(ii) $h_j(X)$ 关于 P 的符号与 $h_j(c)$ 关于 F^2 的符号相同，$j\in\Delta$.

证明 经过乘以一个适当的 $r(X)\in F[X]$，可使得每个 $h_j(X)\in F[X]$，$j\in\Delta$. 因此，不妨迳就这种情形进行证明. 由于 F 是实闭的，$h_j(X)$ 可分解成一次因式与二次不可约因式的乘积，而且后者关于 P 总是正的. 从而 $h_j(X)$ 的符号只与它的一次因式有关. 至于 P，它只具有命题 2.3.6 中的五种类型之一. 设 $X-a_j$，$j=1,\cdots,l$；$X-b_r$，$r=1,\cdots,m$，是出现于所有这些 $h_j(X)$ 中的全部相异的一次因式. 如果关于 P，有

$$a_1 \underset{F^2}{<} \cdots \underset{F^2}{<} a_l \underset{P}{<} X \underset{P}{<} b_m \underset{F^2}{<} \cdots \underset{F^2}{<} b_1$$

则在开区间 $]a_l, b_m[_{F^2}$ 中有无限多个 c，使得 $h_j(X)$ 关于 P 的符号与 $h_j(c)$ 关于 F^2 的符号相同. 只需再使 $r(c)\neq 0$，就能满足引理的 (i)，(ii).

定理 2.6.1 的证明 由于在所设的前提下，$K\neq F$，故可设 $x_i\in K\backslash F$，$i=1,\cdots,n$. 不失一般性，不妨设 K 是 F-仿射代数 $A=F[x_1,\cdots,x_n]$ 的商域. 先对 K/F 的超越次数为 1 的情形来证明. 令 $t=x_1^2+\cdots+x_n^2$；并且假定 $t\notin F$. 此时 t 可以作为 K/F 的超越基. 设 $E=F(t)$. 于是，K/E 是个代数扩张，设为 $K=E(u)$，今以 $f(X)\in E[X]$ 作为 u 在 E 上的极小多项式，ρ_f 是 $f=f(X)$ 所属的二次型. 任取 K 的一个序 P'，则 $P'\cap E=P'_E$ 是 E 的一个序. 由于 $f(X)=0$ 在 K 内有限，故 $\operatorname{sgn}_{P'_E}\rho_f>0$. 按引理，存在某个 $c\in F$，使得在 ρ_f 的系数中用 c 来代替 t 时，可使 $\operatorname{sgn}_{P'_E}\rho_f$ 的值保持不变，对于这个 c，按 2.3 节的方式，以 F 的分割 c_+ 或 c_- 来定出 E 上的一个序 P''_E，就能使

$$\operatorname{sgn}_{P''_E}\rho_f = \operatorname{sgn}_{P'_E}\rho_f > 0$$

根据定理 2.4.2 的推论，P''_E 能拓展于 K. 设 P'' 是其中之一. 现在在 K 中就 P'' 作关于 F 的典型赋值环和赋值理想

$$B = B(F,P''),M = M(F,P'')$$

从命题 2.5.1 的证明，知 (B,M) 是 K 的一个实赋值环；并且，除同构不计外，有 $B/M \supseteq F$. 如果 B/M 中有关于 F 的超越元 $\bar{s}$，令 $s \in B$ 是 $\bar{s}$ 的一个原象，则 s 与 t 在 F 上是代数无关的，这是由于 $\bar{t} = c \in F$. 但这与所设 K/F 的超越次数为 1 相矛盾. 因此 $B/M = F$. 由此得到由 (B,M) 所确定的正规 F－位

$$\varphi: K \to F \cup \{\infty\} \tag{2.6.1}$$

按 B 的作法，有 $F \subset B$；又按 $t - c \in M$，从而 $t \in B$. 利用定理 2.4.1，即得 $x_i \in B, i = 1,\cdots,n$，换言之 $\varphi(x_i) \in F$ 即告成立. 至于 $t \in F$ 的情形，同样可得到 $x_i \in B$. 因此，(2.6.1) 所定的 F－位 φ 能满足定理的要求.

以上是对超越次数为 1 的情形来证明的. 现在就超越次数使用归纳法. 今设 K/F 的超越次数为 $r(r>1)$；并且定理在超越次数不超过 $r-1$ 时已告成立. 取 K/F 的中间域 E，使得 K/E 的超越次数为 1. 令 R'' 是 (K, P'') 的实闭包；R_0 是 E 在 R'' 内的代数闭包. 于是 R_0 是一个实闭域. 按前面的证明，知有 KR_0 到 R_0 的 R_0－位 φ'，使得 $\varphi'(x_i) \in R_0$. φ' 在 K 上的限制仍记作 φ'，它的剩余域 $\bar{K} \subseteq R_0$（不计同构）. 从而 $\bar{K}/F$ 是一个超越次数小于或等于 $r-1$ 的实函数域. 按归纳法前设，$\bar{K}$ 有取值于 F 的 F－位 μ，使得

$$\mu(\varphi'(x_i)) \in F, i = 1,\cdots,n$$

只要取 $\varphi = \mu \circ \varphi'$，就得到 K/F 的一个取值于 F 的 F－位 φ，它满足定理的要求，定理的证明即告完成.

定理中出现的位 φ，由于它是取值于 F 的 F－位，

故称作实函数域 K/F 的**有理位**. 定理 2.6.1 又称作**有理位的存在定理**.

定理 2.6.1 的逆定理也是成立的,这就是说,如果实闭域 F 上的函数域 K 有一个有理位 φ,则 φ 的赋值环(B_φ,M_φ)是实赋值环,从而按命题 2.5.1,K 是一个实函数域. 这个事实还可以进一步表达如下:

定理 2.6.2 设 F 是实闭域,$A=F[x_1,\cdots,x_n]$是 F 上的仿射代数,K 是它的商域. 又设 $\alpha_1,\cdots,\alpha_m$ 是 K 中的非零元. 于是下列两个命题等价:

(i)存在 K 的一个有理位

$$\varphi:K\to F\cup\{\infty\}$$

使得 φ 的赋值环 $B_\varphi\supseteq A$,并且 $\varphi(\alpha_i)\in F$,以及 $\varphi(\alpha_i)\underset{F^2}{>}0,i=1,\cdots,m$;

(ii)存在 K 的一个序 P',使得

$$\alpha_1,\cdots,\alpha_m\in\dot{P}'$$

证明 (i)$\Rightarrow$(ii). 作 K 中的子集

$$Q'=K^2\{\alpha\in K\mid\varphi(x)\underset{F^2}{>}0\}\tag{2.6.2}$$

欲证 Q'是 K 的一个亚序,只需对 $Q'+Q'\subseteq Q'$进行验证. 设 $x^2\alpha,y^2\beta\in Q'$,以及$\frac{y}{x}\in B_\varphi$. 于是

$$x^2\alpha+y^2\beta=x^2\left(\alpha+\left(\frac{y}{x}\right)^2\beta\right)$$

今有 $\varphi\left(\alpha+\left(\frac{y}{x}\right)^2\beta\right)=\varphi(\alpha)+\varphi\left(\frac{y}{x}\right)^2\varphi(\beta)\underset{F^2}{>}0$,即 $x^2\alpha+y^2\beta\in Q'$. Q'可以扩大成为 K 的一个序 P',从而(ii)成立.

(ii)$\Rightarrow$(i). 在所设的条件下,K 是一个实域. 今在(K,P')的实闭包内作 K 上的实扩张

$$K_1=K(\sqrt{\alpha_1},\cdots,\sqrt{\alpha_m})$$

然后考虑其中的态环

$$A_1=F\left[x_1,\cdots,x_n;\frac{1}{\alpha_1\cdots\alpha_m},\sqrt{\alpha_1},\cdots,\sqrt{\alpha_m}\right]$$

A_1 的商域是 K_1. 我们对 A_1,K_1 作同样的论证,于是得到 K_1 的一个 F-位

$$\varphi_1:K_1\to F\cup\{\infty\}$$

据定理2.6.1,可以要求它的赋值环 $B_{\varphi_1}\supseteq A_1$. 现在令 φ 是 φ_1 在 K 上的限制. 于是有 $B_{\varphi_1}\cap K=B_\varphi\supseteq A$. 另一方面,由 $\varphi\left(\frac{1}{\alpha_1\cdots\alpha_m}\right)\in F$,故 $\varphi(\alpha_i)\neq 0$,此外,$\varphi(\alpha_i)=\varphi_1(\sqrt{\alpha_i})^2\in \dot{F}^2$,即 $\varphi(\alpha_i)\in F$,以及 $\varphi(\alpha_i)\underset{F^2}{>}0$,$i=1,\cdots,m$,故(i)成立.

推论2.6.1(**同态定理**)　设 F,A 如前;K 是 A 的商域. 若 K 是一个实域,则存在由 A 到 F 的 F-同态.

在定理的符号意义下,如果从 $\alpha\underset{P'}{>}0$ 可导致 $\varphi(\alpha)=\infty$ 或者 $\varphi(\alpha)\underset{F^2}{\geqslant}0$,就称位 φ 与序 P 是**相容的**. 我们有:

推论2.6.2　设 F,A 如前;又设 φ 是商域 K 的一个有理位. 于是 K 中存在与 φ 相容的序 P';并且 φ 的赋值环 B_φ 与 P' 也是相容的.

证明　今按(2.6.2)作出 K 的亚序 Q',由此得出 K 的一个序 P'. 设 $\alpha\underset{P'}{>}0$,并且 $\varphi(\alpha)\neq\infty$. 若有 $\varphi(\alpha)\underset{F^2}{<}0$,则 $\varphi(-\alpha)\underset{F^2}{>}0$. 按(2.6.2),应有 $-\alpha\in Q'\subseteq P'$,矛盾. 这表明了 φ 与 P' 是相容的. 现在设

$$0\underset{P'}{<}\alpha\underset{P'}{<}\beta\in B_\varphi$$

此时有 $\varphi(\beta)\neq\infty$. 按即证部分,φ 与 P' 是相容的,故由 $\beta\alpha^{-1}\underset{P'}{>}1$ 可得出

$$\varphi(\beta\alpha^{-1})=\infty\text{ 或者 }\varphi(\beta\alpha^{-1})\underset{F^2}{\geqslant}1\quad(2.6.3)$$

假若 $\varphi(\alpha)=\infty$，则由(2.6.3)可得到

$$\varphi(\beta)=\varphi(\alpha)\varphi(\beta\alpha^{-1})=\infty$$

与所设矛盾. 故 $\alpha\in B_\varphi$，即 B_φ 与 P' 是相容的.

下面再给出一个推论，它无论是对于解答希尔伯特第十七问题，或在其他的场合，都是非常有用的.

推论 2.6.3　设 F,A 如前，又设商域 K 有序 P'. 若对于 K 中元素 $\alpha_1,\cdots,\alpha_m;\beta_1,\cdots,\beta_s$，有

$$\alpha_1 \underset{P'}{<} \alpha_2 \underset{P'}{<} \cdots \underset{P'}{<} \alpha_m \tag{2.6.4}$$

以及

$$0\underset{P'}{>}\beta_i,i=1,\cdots,s$$

则存在一个从 $F[x_1,\cdots,x_n,\alpha_1,\cdots,\alpha_m,\beta_1,\cdots,\beta_s]$ 到 F 的 F - 同态 λ，使得

$$\lambda(\alpha_1) \underset{F^2}{<} \lambda(\alpha_2) \underset{F^2}{<} \cdots \underset{F^2}{<} \lambda(\alpha_m) \tag{2.6.5}$$

以及

$$0\underset{F^2}{\leqslant}\lambda(\beta_i),i=1,\cdots,s$$

证明　在(2.6.4)的所设下，有 $\alpha_2-\alpha_1,\alpha_3-\alpha_2,\cdots,\alpha_m-\alpha_{m-1}\in\dot{P}'$以及

$$\beta_1,\cdots,\beta_s\in P'$$

K 自然又是 $A'=F[x_1,\cdots,x_n,\alpha_1,\cdots,\alpha_m,\beta_1,\cdots,\beta_s]$ 的商域. 按定理知存在 K 的有理位 $\varphi,B_\varphi\supseteq A'$；只要取 λ 为 φ 在 A'上的限制，就能满足(2.6.5).

在定理 2.6.1,2.6.2 以及推论 2.6.2 中，F 为实闭域这个前设是可以减弱的. 由于推论 2.6.3 是最常用的结论，现在就它的推广形式表述如下：

命题　设(F,Q)是一个亚序域；K 是整环 $F[x_1,\cdots,x_n]$的商域. 又设 Q 在 K 上有拓展 P'；R 是 F 关于 $P=P'\cap F$ 的实闭包. 对于 K 中元素 $\alpha_1,\cdots,\alpha_m;\beta_1,\cdots,\beta_s$，若有

$$\alpha_1 \underset{P'}{<} \alpha_2 \underset{P'}{<} \cdots \underset{P'}{<} \alpha_m$$

以及

$$0 \underset{P'}{\leqslant} \beta_i, i=1,\cdots,s$$

则存在从 $F[x_1,\cdots,x_n,\alpha_1,\cdots,\alpha_m,\beta_1,\cdots,\beta_s]$ 到 R 的 F－同态 λ,使得

$$\lambda(\alpha_1) \underset{R^2}{<} \lambda(\alpha_2) \underset{R^2}{<} \cdots \underset{R^2}{<} \lambda(\alpha_m)$$

以及

$$0 \underset{R^2}{\leqslant} \lambda(\beta_i), i=1,\cdots,s$$

证明　命题的证明,只要对定理2.6.1,2.6.2以及其推论的证明,作一些适当的文字更改即可,兹从略.

同态定理来自阿廷的[1]和朗的[26].在当前的许多著作中,对于该定理的证明常使用塔斯基原则,例如[5].

仿射代数的阿廷－朗理论,它的主要结果除上述的两个定理外,还有一个嵌入定理.我们将在2.7节中介绍.

本节的内容可以参考[5],[23],[24],[26].

2.7　希尔伯特第十七问题

实数域 $\mathbf{R}$ 上的 n 元多项式 $f(X_1,\cdots,X_n)$,如果对所有的 $(\alpha_1,\cdots,\alpha_n)\in\mathbf{R}^{(n)}$,总有 $f(\alpha_1,\cdots,\alpha_n)\geqslant 0$,问 $f=f(X_1,\cdots,X_n)$ 是否必能表示成实系数多项式的平方和?在 $n=1$ 时,这种多项式总能表示成两个多项式的平方和.这是很容易证明的事实.但在 $n=2$ 时,情形就不同了.希尔伯特早就认识到这不一定能办到,不过他也没有给出简单的反例.其后,他又证明,这种多项式能表示成有理函数的平方和.

1900 年,希尔伯特在巴黎会议上提出的二十三个问题中,其中的第十七个,就是根据这一事实而提出的. 现在我们把问题陈述如下:

“设$f(X_1,\cdots,X_n)$是一个实系数的多项式,它对于任何一组实数$(\alpha_1,\cdots,\alpha_n)$,总有$f(\alpha_1,\cdots,\alpha_n)\geqslant 0$. 问$f(X_1,\cdots,X_n)$能否表示成$\mathbf{R}(X_1,\cdots,X_n)$中的平方和? 这里 n 可取任何正整数.”

这个问题的第一个正面的解答,是阿廷在 1926 年获得的. 阿廷的解答是建立在他和施赖埃尔共同提出的实域理论之基础上,而且获得了比希尔伯特原问题更有一般性和更为精致的结果. 下面我们将在一种更普遍的形式下来进行讨论.

设有亚序域(F,Q);以及多项式$f=f(X_1,\cdots,X_n)\in F[X_1,\cdots,X_n]$. 若对于所有的$(a_1,\cdots,a_n)\in F^{(n)}$,总有$f(a_1,\cdots,a_n)\in Q$,就称$f$在$(F,Q)$上是**半正定的**,或简称作半正定的. 若$f$与$-f$都不是半正定的,则称$f$(在$(F,Q)$上)是**不定的**. 又如果对于$(F,Q)$的任何一个实闭包$R$,以及所有的$(\alpha_1,\cdots,\alpha_n)\in R^{(n)}$,总有$f(\alpha_1,\cdots,\alpha_n)\underset{R^2}{\geqslant}0$,则称$f$在$(F,Q)$上是**强半正定的,** 同样可简作强半正定的. 强半正定的多项式自然又是半正定的.

定理 2.7.1(阿廷) 设(F,Q)是一个亚序域;又设$K=F(X_1,\cdots,X_n)$. 若多项式$f\in F[X_1,\cdots,X_n]$是强半正定的,则f在K中可表为如下的形式

$$f=\sum_{i=1}^{m}a_ih_i^2 \qquad (2.7.1)$$

其中$a_i\in Q,h_i=h_i(X_1,\cdots,X_n)\in K,i=1,\cdots,m$. 此处$m$是一个与$f$有关的正整数.

若使用(2.2.1)的表示,就可写作$f\in S_K(Q)$.

证明 首先,K是(F,Q)的一个实扩张. 假若定理

的结论不成立,根据定理 2.1.2 的推论,应有 Q 在 K 上的某个拓展 P',使得 $f \notin P'$. 换言之,$f \underset{P'}{<} 0$. 令 $P = P' \cap F$;R 为(F,P)的实闭包. 于是,根据 2.6 节中的命题,应有 K 的一个取值于 R 的 F-位 φ,使得

$$\varphi(X_i) = \alpha_i \in R; i = 1,\cdots,n$$

$$\varphi(f) \in R; \varphi(f) \underset{R^2}{<} 0$$

但 $\varphi(f) = f(\varphi(X_1),\cdots,\varphi(X_n)) = f(\alpha_1,\cdots,\alpha_n) \underset{R^2}{<} 0$,这与 f 的强半正定性所设相矛盾. 因此,(2.7.1)成立.

当 F 是一个实闭域时,F^2 是它唯一的序,且多项式在 F 上成为半正定的,与成为强半正定的相一致. 因此有:

推论 2.7.1　设 F 是一个实闭域. 若 $f(X_1,\cdots,X_n)$ 是 F 上的半正定多项式,则它可表为有理函数域 $F(X_1,\cdots,X_n)$ 中的平方和.

当 $F = \mathbf{R}$ 时,就得到希尔伯特问题的解答.

推论 2.7.2　设 F 是一个实域,并且在它的每个实闭包内都是稠密的. 若 $f(X_1,\cdots,X_n)$ 是 F 上的半正定多项式,则 f 可表为 $F(X_1,\cdots,X_n)$ 中的平方和.

证明　首先,实域 F 就是亚序域(F,S_F). 对于它的任何一个实闭包 R,f 作为取值于 R 的函数,它在 $F^{(n)}$ 的开区间拓扑下是连续的. 因此,半正定性与强半正定性此时是一致的. 按定理 2.7.1,f 可表如(2.7.1)的形式,但因 $Q = S_F$,所以 f 是 $F(X_1,\cdots,X_n)$ 中的平方和.

下面我们来看一个例子,说明"稠密性"这个条件并不是多余的.

例　设 $F = \mathbf{R}(t)$,t 是 $\mathbf{R}$ 上的超越元. 今规定 F 的一个序 P,使得关于这个序,t 是正的无限小. 再设(F,P)的实闭包为 R. 今考虑 F 上的多项式

$$f(X) = (X^2 - t)^2 - t^3 \qquad (2.7.2)$$

对于每一个 $a \in F$，$f(a)$ 都可表作 t 的幂级数，不难验知，幂级数的首项只能是正实数或 t^2. 因此，$f(X)$ 在 F 上是半正定的. 但 $f(\sqrt{t}) \underset{R^2}{<} 0$，故 $f(X)$ 不能表示成 (2.7.1) 的形式.

在实闭包 R 中，$f(X)=0$ 的根是 $\pm\sqrt{t(1-\sqrt{t})}$ 与 $\pm\sqrt{t(1+\sqrt{t})}$. 因此，在开区间 $]\sqrt{t(1-\sqrt{t})}, \sqrt{t(1+\sqrt{t})}[_{R^2}$ 内，$f(X) \neq 0$. 容易验知，$f(X)$ 在其中恒取负值. 再根据前面所得的事实，$]\sqrt{t(1-\sqrt{t})}, \sqrt{t(1+\sqrt{t})}[_{R^2}$ 不含 F 的元素，换言之，F 在实闭包 R 中不是稠密的①.

稠密性与半正定多项式表如 (2.7.1) 的形式，二者间的关系将在 2.9 ~ 2.11 节中作进一步的讨论.

设 (F, P) 是一个阿基米德序域；R 为其实闭包. 按命题 2.2.6，F 在 R 内是稠密的，故由推论 2.7.2，又有：

推论 2.7.3　设 (F, P) 是一个阿基米德序域；f 是 $F[X_1, \cdots, X_n]$ 中的半正定多项式. 于是有

$$f = \sum_{i=1}^{m} a_i g_i^2$$

其中 $a_i \in P$，$g_i = g_i(X_1, \cdots, X_n) \in F(X_1, \cdots, X_n)$.

特别就有理数域 $\mathbf{Q}$ 而论，它的唯一的序是阿基米德序 S（即通常的序）. 因此有：

推论 2.7.4　在有理数域 $\mathbf{Q}$ 上，每个半正定多项式，总能表作 $\mathbf{Q}$ 上有理函数的平方和.

如果把希尔伯特原问题中的条件"≥ 0"改为">0"，那就可以得到一个较定理 2.7.1 更为精确的结论. 为

---

① 这个例子见[5]，93 ~ 94 页.

此，先来引进一个称谓：设亚序域(F,Q)及$f\in F[X]=F[X_1,\cdots,X_n]$如前. 如果对于$(F,Q)$的每个实闭包$R$，以及所有的元素组$(\alpha_1,\cdots,\alpha_n)\in R^{(n)}$，总有$f(\alpha_1,\cdots,\alpha_n)\underset{R^2}{>}0$，就称$f$在$(F,Q)$上是**强正定的**. 对于强正定多项式，有如下的刻画：

定理 2.7.2　设亚序域(F,Q)，$F[X]=F[X_1,\cdots,X_n]$中元素f，成为(F,Q)上的强正定多项式，其充要条件是有如下的等式

$$f\cdot a_1=1+a_2 \tag{2.7.3}$$

成立，其中$a_1,a_2\in S_{F[X]}(Q)$.

证明　充分性显然成立，今设f是强正定的，但不能有形如(2.7.3)的等式成立. 于是有

$$f\cdot S_{F[X]}(Q)\ \cap\ \{1+S_{F[X]}(Q)\}=\varnothing$$

作$F[X]$中子集

$$T=S_{F[X]}(Q)-f\cdot S_{F[X]}(Q)$$

欲证明T是$F[X]$的一个亚序，只需验证定义 2.1.2 中的条件(1). 假若$-1\in T$，则存在$a_1,a_2\in S_{F[X]}(Q)$，使得$-1=a_2-f\cdot a_1$，而与所设矛盾，因此，T是一个亚序，设命题 2.1.3，T可以扩大成为$F[X]$的一个序，设为P°. 令$\operatorname{supp}(P^\circ)=J$. 于是在剩余类整环$F[x_1,\cdots,x_n]=F[X_1,\cdots,X_n]/J$上，$P^\circ$诱导出一个以(0)为支集的序$P^*$. 再据(2.1.12)，$P^*$在$F[x_1,\cdots,x_n]$的商域$K=F(x_1,\cdots,x_n)$上确定一个唯一的序，记作$P'$. 由于$J\cap F=\{0\}$，可知$P'$是$Q$在$K$上的一个拓展. 令$P=P'\cap F$，则有$P\supseteq Q$. 今以$R$记$(F,P)$的实闭包.

由于$f\in -T\subseteq -P^\circ$，故$f(x_1,\cdots,x_n)\in -P^*\subseteq -P'$. 根据 2.6 节中的命题，存在一个$F$－同态

$$\lambda: F[x_1,\cdots,x_n,f(x_1,\cdots,x_n)]\to R$$

使得$\lambda(f(x_1,\cdots,x_n))=f(\lambda(x_1),\cdots,\lambda(x_n))=$

$f(\alpha_1,\cdots,\alpha_n)\underset{R^2}{\leqslant}0$,而与所设矛盾. 这就证明了 f 可表如(2.7.3).

定理 2.7.1 和定理 2.7.2 还可以作更进一步的推广. 我们将在 2.8 节来讨论. 以下,作为定理 2.7.1 的应用,再来证明几个命题.

命题 设 F 为实闭域;$f\in F[X_1,\cdots,X_n]$ 是一个次数大于或等于1的不可约多项式. 若整环 $F[X_1,\cdots,X_n]/(f)$ 的商域 K 是实域,则 f 在 F 上是不定的.

证明 假设结论不成立,不失一般性,我们设 f 在 F 上是半正定的. 于是,根据推论 2.7.1,存在多项式 $h,g_i\in[X_1,\cdots,X_n]$,$i=1,\cdots,m$,使得有

$$h^2f = g_1^2 + \cdots + g_m^2 \tag{2.7.4}$$

令 h 是满足上式,且具有最低次数的多项式,我们断言,$g_1,\cdots,g_m$ 不能全被 f 整除. 因若不然,设 $g_i=f\cdot f_i$,$f_i\in F[X_1,\cdots,X_n]$,$i=1,\cdots,m$,以此代入(2.7.4),就得到

$$h^2f = f^2(f_1^2+\cdots+f_m^2)$$

从而有

$$h^2 = f(f_1^2+\cdots+f_m^2)$$

因此 f 整除 h,即 $h=fh_0$,$h_0\in F[X_1,\cdots,X_n]$. 故又有

$$h_0^2f = f_1^2+\cdots+f_m^2$$

因 $\deg f>0$,故 $\deg h_0>\deg h$,而与 h 的取法矛盾.

从(2.7.4)知有 $g_1^2+\cdots+g_m^2\in(f)$,故在 K 中应有

$$\bar{g}_1^2+\cdots+\bar{g}_m^2=\bar{0}$$

根据以上所证,$\bar{g}_i$ 不全为 $\bar{0}$,但这又与 K 是实域的前设相矛盾.

利用这个命题,还可以证明来自朗的嵌入定理. 为此,先陈述一个简单的引理:

引理 设 P' 是有理函数域 $K=F(t)$ 的任何一个

序. 在由 P' 所定的开区间拓扑下, 集 $S = K \backslash F$ 在 K 中是稠密的.

证明　只需证明, 任何一个形式如 $]-g, g[_{P'}$ 的开区间, 必然含有 S 中的元素 s, 此处 $g \in \dot{P}'$. 若 $g \in S$, 取 $s = \frac{g}{2}$ 即可. 对于 $g \in F$, 任取 $f \in P' \backslash F$. 显然, $g^{-1} + f \underset{P'}{>} g^{-1} \underset{P'}{>} 0$. 从而有

$$0 \underset{P'}{<} \frac{1}{g^{-1} + f} \underset{P'}{<} g$$

取 $s = \frac{1}{g^{-1} + f} \in S$ 即可.

定理 2.7.3(嵌入定理)　设 F 是一个实闭域; K 是 F 上超越次数为 r 的实函数域, 又设 R 是一个包含 F 的实闭域, 它关于 F 的超越次数大于或等于 r. 于是存在一个从 K 到 R 的 F-嵌入.

证明　设 $\{t_1, \cdots, t_r\}$ 是 K/F 的一个超越基. 由于 K/F 是有限生成的, 故有 $K = F(t_1, \cdots, t_r, u)$. u 关于 $F(t_1, \cdots, t_r)$ 的极小多项式设为 $f(X)$. 不失一般性, 设 $f = f(X) \in F[t_1, \cdots, t_r, X]$. 从而 K 是整环 $F[t_1, \cdots, t_r, X]/(f)$ 的商域, 按命题, f 在 F 上是不定的, 因此可取得 $a_1, \cdots, a_r, b, b' \in F$, 使得

$$f(a_1, \cdots, a_r, b) \underset{F^2}{<} 0 \underset{F^2}{<} f(a_1, \cdots, a_r, b') \tag{2.7.5}$$

令 $s_1 \in R$ 是关于 F 的一个超越元. 多项式 $f(X, a_2, \cdots, a_r, b)$ 与 $f(X, a_2, \cdots, a_r, b')$ 作为 $F(s_1)$ 上的多项式时, 在由 $R^2 \cap F(s_1)$ 所定的开区间拓扑下, 都是连续的. 根据引理, 可选择 $\alpha_1 \in F(s_1)$, 使得 $f(\alpha_1, a_2, \cdots, a_r, b)$, $f(\alpha_1, a_2, \cdots, a_r, b')$ 分别与 $f(a_1, a_2, \cdots, a_r, b)$, $f(a_1, a_2, \cdots, a_r, b')$ 同号, 即

$$f(\alpha_1, a_2, \cdots, a_r, b) \underset{R^2}{<} 0 \underset{R^2}{<} f(\alpha_1, a_2, \cdots, a_r, b')$$

其次作 $F(s_1)$ 在 R 中的代数闭包 L_1. 令 $s_2 \in R$ 是关于 L_1 的超越元. 再对 $L_1(s_2)$ 来使用同样的论证,就可得到 $\alpha_2 \in L_1(s_1) \setminus L_1$,使得有

$$f(\alpha_1, \alpha_2, a_3, \cdots, a_r, b) \underset{R^2}{<} 0 \underset{R^2}{<} f(\alpha_1, \alpha_2, a_3, \cdots, a_r, b')$$

由于 R/F 的超越次数大于或等于 r,继续以上的步骤 r 次,总可得到 $\alpha_1, \cdots, \alpha_r \in R$,使得

$$f(\alpha_1, \cdots, \alpha_r, b) \underset{R^2}{<} 0 \underset{R^2}{<} f(\alpha_1, \cdots, \alpha_r, b') \tag{2.7.6}$$

从 $\alpha_1, \cdots, \alpha_r$ 的取法知道它们在 F 上是代数独立的. 由于 R 是实闭的,根据命题 2.3.5,由不等式(2.7.6)可得到某个 $\beta \in R$,满足

$$f(\alpha_1, \cdots, \alpha_r, \beta) = 0$$

据此,只需令

$$\begin{cases} t_i \longmapsto \alpha_i, i = 1, \cdots, r \\ u \longmapsto \beta \end{cases} \tag{2.7.7}$$

就可得到一个从 K 到 R 内的 F - 嵌入,定理即告成立.

作为嵌入定理的一个应用,今有:

推论 2.7.5　设 K 是序域 (F, P) 的一个扩张;K 在 F 上的超越次数为 $r > 0$. 若 P 可以拓展于 K,则 P 可拓展成某个 P',使得 (K, P') 在 (F, P) 上是非阿基米德的.

证明　首先,作 F 上超越次数为 r 的实闭域 R. 只要按照(2.2.6)的作法来拓展 P,可以使得 $R^2 \cap F = P$,并且 (R, R^2) 在 (F, P) 上是非阿基米德的. 现在按定理 2.7.3,把 K 嵌入 R. 令 $P' = K \cap R^2$. 由于 R/K 是一个代数扩张(K 等同于它在 R 中的象). 按 2.2 节的末段所论,(R, R^2) 在 (K, P') 上是阿基米德的,因此,(K, P') 在 (F, P) 上就只能是非阿基米德的.

关于希尔伯特第十七问题的历史和概况,请见本篇的附录二,或[5]中第六章的最后一节. 本节的定理2.7.1就是希尔伯特问题定性部分的解答,见[1],[26],[36]. 对于正定多项式的定理2.7.2,可参见[33],[38]. 有关不定多项式的命题,最初来自Dubois-Efroymoson的[17].

2.8　半代数零点定理、非负点定理以及正点定理

设 R 是 (F,P) 的实闭包;$R^{(n)}$ 是 R 上的 n 维仿射空间,所谓 (F,P) 上的一个**仿射实代数集** V_R,是指由 $F[X]=F[X_1,\cdots,X_n]$ 中有限多个多项式,例如 $f_1,\cdots,f_r$ 在 $R^{(n)}$ 中所定的零点集,即

$$V_R=\{(\alpha_1,\cdots,\alpha_n)\in R^{(n)}\mid f_1(\alpha_1,\cdots,\alpha_n)=\cdots=f_r(\alpha_1,\cdots,\alpha_n)=0\}$$

显然,V_R 也可以作为由 $F[X]$ 中的理想 $I=(f_1,\cdots,f_r)$ 所确定的,故又可记作 $\varphi(I)$,今后就简称作 $R^{(n)}$ 中的实代数集,若无须特别指出 R,可迳作**实代数集**,简记作 V.

从 $R^{(n)}$ 中任意一个子集 U 出发,还可以反过来在 $F[X]$ 中定出一个理想 $\varphi(U)$

$$\varphi(U)=\{f\in F[X]\mid \text{对所有的}(\alpha_1,\cdots,\alpha_n)\in U,\text{皆有} f(\alpha_1,\cdots,\alpha_n)=0\}$$

易知,这是一个理想,且有 $\varphi(\varphi(U))\supseteq U$.

当 U 是一个实代数集时,例如 $U=\varphi(I)$,则有 $\varphi(U)=\varphi(\varphi(I))\supseteq I$,从而 $\varphi(\varphi(\varphi(I)))\subseteq\varphi(I)$,因此有 $\varphi(\varphi(U))=U$.

因为 F 是序域,所以还可以引进一个较实代数集更广泛的概念. 设 $g_1,\cdots,g_s\in F[X]$ 是任意有限个多项

式,由不等式组

$$g_1 \geqslant 0, \cdots, g_s \geqslant 0 \tag{2.8.1}$$

在 $R^{(n)}$ 中所确定的子集 W,称为(F,P)上的一个**仿射半代数集,**或简作**半代数集**. 在(2.8.1)中出现的$\geqslant$,自然是关于 R 中唯一的序 R^2 而言. 这个由 $g_1,\cdots,g_s$ 所定出的半代数集,有时也记作 $\varphi(g_1,\cdots,g_s)$. 在这个意义下,代数集也是一种半代数集. 因若 $V=\varphi(I)$, $I=(f_1,\cdots,f_r)$,则 V 可以作为半代数集

$$\varphi(f_1,\cdots,f_r; -f_1,\cdots,-f_r)$$

如果考虑在 $V=\varphi(I)$ 上由(2.8.1)所定的子集

$$V \cap \varphi(g_1,\cdots,g_s)$$

显然,它本身是一个半代数集,我们称它为 V 上的半代数子集,简记作 $\varphi_V(g_1,\cdots,g_s)$. 在这个半代数子集与 I 之间,能建立一种关系,它与希尔伯特零点定理有一定程度的类似,这就是下面要介绍的半代数零点定理.

按 2.1 节的记法,$S_{F(X)}(P)$表示 $F[X]=F[X_1,\cdots,X_n]$中由所有形式如

$$\sum_i c_i h_i^2, c_i \in P, h_i \in F[X]$$

的有限和所成的子集,它也是 $F[X]$的一个子半环. 在本节中,以 A 记作 $S_{F[X]}(P)$经添入 $g_1,\cdots,g_s$ 而生成的半环,它的元素可表为有限和

$$\sum_i c(g_1^{\delta_{i1}}\cdots g_s^{\delta_{is}})h_i^2 \tag{2.8.2}$$

其中 $\delta_{ij}=0,1$.

引理 2.8.1 设 I 是 $F[X]$的一个理想,A 的意义如上. 于是

$$A\sqrt{I} = \{f \in F[X] \mid 存在某个 m \in \mathbf{N}; a \in A, 使得 f^{2m} + a \in I\} \tag{2.8.3}$$

是 $F[X]$中的一个理想.

证明 设 $f \in A\sqrt{I}$, $g \in F[X]$. 于是有

$$(gf)^{2m}+a'\in I$$

其中 $a'=g^{2m}a\in A$，故 $gf\in\sqrt[A]{I}$. 其次设 $f_1,f_2\in\sqrt[A]{I}$，满足

$$f_i^{2m_i}+a_i\in I, i=1,2$$

设 $m_1\geqslant m_2$，于是

$$\{(f_1-f_2)^2+(f_1+f_2)^2\}^{2m_1+1}=\{2f_1^2+2f_2^2\}^{2m_1+1}$$
$$=f_1^{2m_1}\cdot a_3+f_2^{2m_2}\cdot a_4$$

其中 $a_3,a_4\in A$. 上式左边又可写如 $(f_1-f_2)^{4m_1+2}+a_5$，$a_5\in A$. 于是

$$(f_1-f_2)^{4m_1+2}+a_5+a_1a_3+a_2a_4$$
$$=(f_1^{2m_1}+a_1)a_3+(f_2^{2m_2}+a_2)a_4\in I$$

这表明了 $f_1-f_2\in\sqrt[A]{I}$，故 $\sqrt[A]{I}$ 是一个理想.

定义　理想 $\sqrt[A]{I}$ 称为 I 的 A – **根**，特别在 $A=S_{F[X]}(P)$ 时，称它为 I 的**实根**，改记作 $\sqrt[r]{I}$. 若有 $I=\sqrt[A]{I}$ 成立，则称 I 为 A – **根理想**.

引理 2.8.2　所设如上，对于任何理想 $I\subset F[X]$，$\sqrt[A]{I}$ 总是一个 A – 根理想.

证明　记 $\sqrt[A]{I}=I'$，设 $f\in\sqrt[A]{I'}$，即有

$$f^{2m'}+a'\in I'$$

从而 $(f^{2m'}+a')^{2m}+a\in I$，其中 $a,a'\in A$. 按 A 的规定，前式又可以写成 $f^{4m'm}+a_1\in I$，$a_1\in A$. 从而有 $f\in I'$. 至于 $\sqrt[A]{I'}\supseteq I'$ 显然成立. 故 $\sqrt[A]{I}$ 是一个 A – 根理想.

对于 $F[X]$ 中的素 A – 根理想，下列命题成立.

命题 2.8.1　设 A 如前，J 是 $F[X]$ 中一个素 A – 根理想. 又以 K 记整环 $F[X_1,\cdots,X_n]/J=F[x_1,\cdots,x_n]$ 的商域. 于是，K 是实域，而且 P 在 K 中可拓展成某个 P'，使得

$$g_i(x_1,\cdots,x_n)\underset{P'}{\geqslant}0, i=1,\cdots,s \qquad (2.8.4)$$

证明 我们知道,除同构不计外,K 是 F 的扩域.按命题 2.2.1,P 能拓展于 K 的充要条件,是 -1 不能表如形式

$$\sum_i c_i q_i^2, c_i \in P, q_i \in K = F(x_1, \cdots, x_n)$$

它等价于,在 $F[x_1, \cdots, x_n]$ 中,方程

$$\sum_i c_i h_i^2 = 0, c_i \in \dot{P}$$

只能有平凡解 $h_i = 0$. 为论述方便,改写成同余方程,即

$$\sum_i c_i h_i^2(X_1, \cdots, X_n) \equiv 0 \pmod J$$

只有 $h_i \in J$ 的解,今将证明一个较上式更强的结论,即任何形式如

$$\sum_i a_i h_i^2(X_1, \cdots, X_n) \equiv 0 \pmod J \quad (2.8.5)$$

的同余方程,其中 $a_i \in A \backslash J$,只能有平凡解

$$h_i \equiv 0 \pmod J$$

按 A 的规定,对(2.8.5)左边取平方,可得

$$a_i^2 h_i^4 + a^* \in J, a^* \in A$$

由于 J 是一个素 A-根理想,上式给出 $a_i h_i^2 \in J$. 再从 $a_i \notin J$,知有 $h_i \in J$. 这就证明了(2.8.5)只有平凡解,特别是 -1在 K 中不能表如 $\sum_i c_i q_i^2$. 因此,P 可以拓展于 K.

其次要证明,可以求得 P 在 K 上的某个拓展 P',使得(2.8.4)成立. 对于 $a \in A, h \in F[X]$,记 $a = a(X_1, \cdots, X_n) \pmod J$ 为 $\bar{a} = a(x_1, \cdots, x_n)$,以及 $h \bmod J$ 为 $\bar{h} = h(x_1, \cdots, x_n)$. 对于 $a \notin J$,有 $\bar{a} \neq 0$. 令 K_1 为 K 的一个扩域,使得每个形如

$$\sum_i \bar{a}_i \bar{h}_i^2 = 0, \bar{a}_i \neq 0 \quad (2.8.6)$$

的方程在其中只有平凡解,且为具有此性质的极大代数扩域. 今断言,每个 $\bar{a}$ 在 K_i 中都是完全平方. 因若不

然,则有 K_1 上某个真扩张 $K_1(\sqrt{\bar{a}})$,从而有某个形如(2.8.6)的方程,在其中有非平凡解,即

$$\sum_i \bar{a}_i(\bar{h}_i + \sqrt{\bar{a}}\bar{q}_i)^2 = 0$$

其中 $\bar{h}_i, \bar{q}_i \in K_1$,且不全为0,由此又得出

$$\sum_i \bar{a}_i\bar{h}_i^2 + \bar{a}\sum_i \bar{a}_i\bar{q}_i^2 = 0$$

但这与 K_1 的取法矛盾.另一方面,K_1 也是(F,P)上的实扩张,故有某个 P_1,使得 $P_1 \cap F = P$.由于 $\bar{a} \neq 0$ 是 K_1 中的平方元,所以 $\bar{a} \underset{P'}{>} 0$.再令 $P' = P_1 \cap K$,P'就是 P 在 K 上的拓展,故 $\bar{a} \underset{P'}{>} 0$.又因为某些 $\bar{g}_i = g_i(x_1,\cdots,x_n)$可能为0(即 $g_i(X_1,\cdots,X_n) \in J$),故

$$\bar{g}_i = g_i(x_1,\cdots,x_n) \underset{P'}{\geqslant} 0, i = 1,\cdots,s$$

如所欲证.

推论 2.8.1　设 J 是 $F[X_1,\cdots,X_n]$中的素 A-根理想,$V = \varphi(J)$;A 与 $\varphi_V(g_1,\cdots,g_s)$的意义如前.若有 $h = h(X_1,\cdots,X_n) \in F[X] \setminus J$,则存在$(\alpha_1,\cdots,\alpha_n) \in \varphi_V(g_1,\cdots,g_s)$满足 $h(\alpha_1,\cdots,\alpha_n) \neq 0$.

证明　沿用命题中的记法,据命题所证,(K,P')为(F,P)的序扩张,以及

$$\bar{g}_i = g_i(x_1,\cdots,x_n) \underset{P'}{\geqslant} 0, i = 1,\cdots,s$$

由于 $\bar{h} = h(x_1,\cdots,x_n) \neq 0$,在 K 中取整环

$$F[x_1,\cdots,x_n;\bar{g}_1,\cdots,\bar{g}_s;\bar{h},V_{\bar{h}}]$$

使用同态定理,可得到一个从它到 R 内的 F-同态 φ,使得 $\varphi(x_i) = \alpha_i \in R$,$\varphi(\bar{h}) = h(\alpha_1,\cdots,\alpha_n) \neq 0$,以及对每个 $f \in J$,皆有 $\varphi(f) = f(\alpha_1,\cdots,\alpha_n) = 0$,即$(\alpha_1,\cdots,\alpha_n) \in V$.又因 $\varphi(\bar{g}_i) = g_i(\alpha_1,\cdots,\alpha_n) \geqslant 0$,故

$$(\alpha_1,\cdots,\alpha_n) \in \varphi_V(g_1,\cdots,g_s)$$

如所欲证.

命题 2.8.2　设 A 如前,对 $F[X]$中任一理想 I,有

$$\sqrt[A]{I}=\bigcap_{J\supset I}J$$

其中 J 遍取 $F[X]$ 中包含 I 的素 A – 根理想.

证明 $\bigcap\limits_{J\supseteq I}J\supseteq\sqrt[A]{I}$ 显然成立. 今设 $f\in F[X]$,但 $f\notin\sqrt[A]{I}$. 据引理 2.8.1,$\sqrt[A]{I}$ 是一个 A – 根理想,因此,$\sqrt[A]{I}$ 不包含 f 的任何次幂. 今设 J 是一个包含 I,但不包含 f 的任何次幂的极大 A – 根理想. 只需证明,J 是素的. 因若不然,则有 $f_1,f_2\notin J$,但 $f_1f_2\in J$,于是

$$\sqrt[A]{(J,f_1)},\ \sqrt[A]{(J,f_2)}$$

都是纯包含 J 的 A – 根理想. 按所设,它们每一个都应包含 f 的某个幂,即有

$$f^{2m_1}+a_1=c_1+b_1f_1;f^{2m_2}+a_2=c_2+b_2f_2$$

其中 $a_1,a_2\in A,c_1,c_2\in J;b_1,b_2\in F[X]$. 两式相乘,得

$$f^{2(m_1+m_2)}+a=c+b_1b_2f_1f_2\in J$$

矛盾,这证明了 $f\notin\bigcap\limits_{J\supseteq I}J$,故结论成立.

有了以上的准备,现在我们来证明本节的第一个主要结论:

定理 2.8.1(半代数零点定理) 设 $V=\varphi(I)$ 是 $R^{(n)}$ 中的实代数集,$\varphi_V(g_1,\cdots,g_s)$ 是 V 上的半代数子集;A 的意义如前. 于是有

$$\sqrt[A]{I}=\varphi(\varphi_V(g_1,\cdots,g_s))\qquad(2.8.7)$$

证明 $\sqrt[A]{I}\subseteq\varphi(\varphi_V(g_1,\cdots,g_s))$ 显然成立,今往证其逆,设 $f\notin\sqrt[A]{I}$. 据命题 2.8.2 必有某个包含 I 的素 A – 根理想 J,使得 $f\notin J$. 再根据命题 2.8.1 的推论,有某个 $(\alpha_1,\cdots,\alpha_n)\in\varphi_V(g_1,\cdots,g_s)$,使得 $f(\alpha_1,\cdots,\alpha_n)\neq0$,即 $f\notin\varphi(\varphi_V(g_1,\cdots,g_s))$,故有(2.8.7)成立.

特别当 $A=S_{F[X]}(P)$,此时 I 的 A – 根是实根

$$\sqrt[r]{I}=\{f\in F[X]\mid f^{2m}+\sum_i c_ih_i^2\in I\}$$

另一方面,(2.8.7)的右边成为$\varphi(\varphi(I))$,故有:

推论 2.8.2(实零点定理)　设$V=\varphi(I)$,于是有

$$\sqrt[r]{I}=\varphi(\varphi(I)) \tag{2.8.8}$$

下面我们要讨论的问题是,$F[X_1,\cdots,X_n]$中什么样的多项式在半代数集$\varphi(g_1,\cdots,g_s)$上取R中的非负值?以及什么样的多项式在其上取恒正值?首先有:

定理 2.8.2(非负点定理)　设(F,P)的实闭包为R,又设$\varphi(g_1,\cdots,g_s)$和A的意义如前,多项式$f\in F[X]$在$\varphi(g_1,\cdots,g_s)$上取R中非负值的充要条件是有如下的等式成立

$$f^{2m+1}+fa_1=a_2 \tag{2.8.9}$$

其中$m\in\mathbf{N},a_1,a_2\in A$.

证明　充分性显然. 今设$f\in F[X]$是一个在$\varphi(g_1,\cdots,g_s)$上取非负值的非零多项式. 于是,对于任何$(\alpha_1,\cdots,\alpha_n)\in\varphi(g_1,\cdots,g_s)$,以及任何$y\in R$,总有$1+y^2f(\alpha_1,\cdots,\alpha_n)\neq 0$,今以$Y$记$X_1,\cdots,X_n$以外的另一个变元. 又为方便计,以$A^*$表示在$S_{F[X,Y]}(P)$上经添加$g_1,\cdots,g_s$所生成的$F[X,Y]$中子半环,这里$g_i$作为

$$F[X,Y]=F[X_1,\cdots,X_n,Y]$$

中的多项式,按定理2.8.1,有

$$\sqrt[A^*]{1+Y^2f}=\varphi\{\varphi((1+Y^2f))\varphi(g_1,\cdots,g_s)\}$$

其中右边$\{\cdots\}$内是作为$R^{(n+1)}$中的子集;左边则是$F[X,Y]$中的理想. 由于$\varphi((1+Y^2f))\cap\varphi(g_1,\cdots,g_s)=\varnothing$,故$\sqrt[A^*]{1+Y^2f}=F[X,Y]$. 于是$1\in\sqrt[A^*]{1+Y^2f}$,即有

$$1+a^*=h(X;Y)(1+Y^2f(X)),a^*\in A^* \tag{2.8.10}$$

不失一般性,不妨设$\{g_1,\cdots,g_s\}$同时又是A^*关于$S_{F[X,Y]}(P)$的模基底,于是a^*可表作

$$\sum_{i=1}^{s}\sum_{j} c_{ij}a_{ij}^{2}(X;Y)g_{i}, c_{ij}\in P$$

在上式中，如果把含 Y 的奇次项和偶次项区别开来，则(2.8.10)就可以改写成

$$1+\sum_{i=1}^{s}\sum_{j} c_{ij}(b_{ij}(X;Y^{2})+Ye_{ij}(X;Y^{2}))^{2}g_{i}(X)$$

$$=(b(X;Y^{2})+Ye(X;Y^{2}))(1+Y^{2}f(X))$$

比较两边含 Y 的偶次项，可得

$$1+\sum_{i=1}^{s}\sum_{j} c_{ij}(b_{ij}^{2}(X,Y^{2})+Y^{2}e_{ij}^{2}(X;Y^{2}))g_{i}(X)$$

$$=b(X;Y^{2})(1+Y^{2}f(X))$$

如果把上式改写作含 X,Y 的等式，则有形如

$$1+a_{1}^{*}(X;Y)+Ya_{2}^{*}(X;Y)=b(X;Y)(1+Yf(X))$$

的方程，其中 $a_{1}^{*}(X;Y), a_{2}^{*}(X;Y)\in A^{*}$，而且它们关于 Y 的次数都是偶数. 现在以 $Y=\dfrac{1}{f(X)}$ 代入，并且去掉分母，于是得到形如

$$f^{2m+1}+fa_{1}(X,f) = a_{2}(X,f)$$

的表式，其中 $a_{1},a_{2}\in A$，即(2.8.9)成立.

特别当 $g_{1},\cdots,g_{s}$ 为 P 中的常量时，$\varphi(g_{1},\cdots,g_{s})=R^{(n)}$. 此时 $A=S_{F[X]}(P)$；在 $\varphi(g_{1},\cdots,g_{s})$ 上取非负值的多项式，正是 $F[X]$ 中的强半正定多项式，因此有：

推论 2.8.3 设 (F,P)，R 如前，$f\in F[X]=F[X_{1},\cdots,X_{n}]$ 成为强半正定多项式，当且仅当有下式成立

$$f^{2m+1}+f\cdot\left(\sum_{i} c_{i}h_{i}^{2}\right) = \sum_{i} e_{i}q_{i}^{2} \quad (2.8.11)$$

其中 $m\in\mathbf{N}$；$c_{i},e_{i}\in P$；$h_{i},q_{i}\in F[X]$.

这个结论是对阿廷定理(定理2.7.1,$Q=P$的情形)的一个改进.因为它只在整环$F[X_1,\cdots,X_n]$内作出刻画,而无须过渡到有理函数域$F(X_1,\cdots,X_n)$;而且表达的形式也较阿廷定理更为精致.

其次再考虑在一个实代数集$V=\varphi(I)$上取非负值的多项式所应适合的条件.设$I=(f_1,\cdots,f_r)$.此时$V=\varphi(\pm f_1,\cdots,\pm f_r)$;$A$成为$\pm f_1,\cdots,\pm f_r$在$S_{F[X]}(P)$上生成的子半环.在这种情形下,(2.8.9)演化成为如下的同余式

$$f^{2m+1}+f\cdot(\sum_i c_ih_i^2)=\sum_i e_iq_i^2 \pmod I$$

这个结论有时也可表述如下:

推论 2.8.4　设V是由理想$I\subset F[X]$所给出的实代数集.$f\in F[X]$在V上恒取非负值,当且仅当f满足如下形式的同余式

$$f\cdot s_1\equiv f^{2m}+s_2 \pmod I \qquad (2.8.12)$$

其中$s_1,s_2\in S_{F[X]}(P)$.

特别在V是由$F[X]$中素理想J所定出时,我们称V是一个**实流形**.在V中恒取非负值的多项式,可称作V上的强半正定多项式.有关希尔伯特第十七问题在实流形上的推广,请参见后面的附录二.

最后来讨论f在每个$(\alpha_1,\cdots,\alpha_n)\in\varphi(g_1,\cdots,g_s)$上恒有$f(\alpha_1,\cdots,\alpha_n)\underset{R^2}{>}0$的情形,今有:

定理 2.8.3　所设如定理2.7.1,$f\in F[X]$在半代数集$\varphi(g_1,\cdots,g_s)$上恒取正值的充要条件,是有如下的等式成立

$$fa_1=1+a_2 \qquad (2.8.13)$$

其中$a_1,a_2\in A$.

证明　只要证明必要性.今设f满足定理的前设,但对于任何的$a_1,a_2\in A$,(2.8.13)都不成立.于是

$fA\cap\{1+A\}=\varnothing$. 作

$$T=A-fA$$

易于验证这是 $F[X]$ 上的一个亚序. 以下的论证全同于定理 2.7.2 的证明,今从略. 因此定理的结论成立.

在 $g_1,\cdots,g_s\in P$ 时,$\varphi(g_1,\cdots,g_s)=R^{(n)}$,以及 $A=S_{F[X]}(P)$,于是定理演化成定理 2.7.2.

实零点定理在文献中有时被称作 Dubois-Risler 零点定理,因为它最先出自[15][35]. 本节所取的形式是 Dubois 给出的. Risler 的形式与此稍异,见[5],第四章. 关于这个定理的历史简况可以参看[5]的第四章 4.5,或者[23],§7 的末段.

在半代数集上讨论点定理始于 Stengle. 本节的内容取自他的[38]. 这些结论还可以进一步推广到一般的实环,得出一组所谓抽象的点定理,见[6],[24].

2.9 有希尔伯特性质的域

在 2.7 节的例子中,我们已经见到,对于一个序域 (F,P),如果 F 在它的实闭包内不是稠密的,那么,F 上的半正定多项式不一定可表示成有理函数的平方和. 不过该例子中的 F,是可以有无限多个序的. 另一方面,从推论 2.7.4 得知 $\mathbf{Q}$ 上的半正定多项式必定是有理函数的平方和. 这一方面是因为 $\mathbf{Q}$ 只有唯一的序,另一方面则由于 $\mathbf{Q}$ 在它的实闭包内是稠密的. 曾经出现过一个误解(见附录一),以为只要有唯一的序,就可以得出与推论 2.7.4 相同的结论. 但这一误解很快就被人用下面的例子否决了. 我们先来看这个例子.

例 设 $E=\mathbf{Q}(t)$ 是一个纯超越扩张. 作 E 的序 P_0,使得 t 成为正无限小,即 $0\underset{P_0}{<}t\underset{P_0}{<}a$ 对 $\mathbf{Q}$ 中所有的正

有理数 a 都成立. 令 R 是(E,P_0)的实闭包;又在 R 中取 E 的平方闭包(即从 E 经开平方运算而得出的 R 中最大子域)F. 此时 F 只有唯一的序 F^2(显然 $F\neq R$). 今考虑 $F[X]$中多项式

$$f(X) = (X^3 - t)^2 - t^3 \qquad (2.9.1)$$

它不是一个强半正定多项式,因为$f(\sqrt[3]{t}) \underset{R^2}{<} 0$. 因此,无论在 $F(X)$中,或是在 $R(X)$中,$f(X)$都不能表为平方和. 可是另一方面,却能够证明它是 F 上的一个半正定多项式①.

从这个例子引起了一些思考:对于一个序域(F,P),要使得其上的半正定多项式(有任意多个元)能表示成 F 上有理函数的平方和,应对它赋以什么条件? 在2.7节中,我们已经知道,在某些条件下是可能的,但并不知道哪些条件既充分又是必要的. K. McKenna 于20世纪70年代中期提出这种看法,并就序域的情形获得解答. 这就是当前在文献中被称为**希尔伯特第十七问题的逆问题**.

在本节中,我们将介绍 McKenna 所讨论的序域情况. 在以后的两节中,将对问题作一般性的讨论,为此,我们就亚序域来给出与问题有关的定义:

定义　设亚序域(F,Q). 若对于每个正整数 n,F 上每个 n 元半正定的多项式都可以表示成 $K = F(X_1,\cdots,X_n)$中的平方和,就称(F,Q)具有**希尔伯特性质**,若这种多项式都可表如形式(2.7.1),就称(F,Q)具有**弱希尔伯特性质.**

首先有一个很简单的刻画.

---

①　在[16]中所给出的证明需用到赋值论的方法. 附录一中的证明是直接的.

命题 2.9.1　亚序域(F,Q)具有弱希尔伯特性质,当且仅当对于每个正整数 n,F 上的 n 元半正定多项式同时是强半正定的.

证明　必要性显然. 今证其逆,假若结论不成立,则有某个半正定的多项式 $f=f(X_1,\cdots,X_n)$,应不能表如(2.7.1)的形式. 按命题 2.2.2,Q 在 $K=F(X_1,\cdots,X_n)$上的某个拓展 P',将使得 $f\underset{P'}{<}0$ 成立. 从而由 2.6 节中的命题,f 将在某个$(\alpha_1,\cdots,\alpha_n)\in R^{(n)}$处取负值(关于序 R^2),这里 R 是 F 关于序 $P=P'\cap F$ 的实闭包. 这就与 f 的强半正定性相矛盾.

如果(F,Q)具有希尔伯特性质,则 Q 中任何元皆得表为平方和,因此有 $Q=S_F$. 如果序域(F,P)有希尔伯特性质,则从 $P=S_F$ 得知 P 是 F 唯一的序,因此又有:

命题 2.9.2　序域(F,P)有希尔伯特性质,当且仅当对于每个正整数 n,F 上的 n 元半正定多项式同时是强半正定的;并且,$P=S_F$ 是 F 上唯一的序.

以下我们仅限于序域的情形. McKenna 的工作是从域的方面来对具有希尔伯特性质或弱希尔伯特性质的序域,来作出刻画. 为论证的需要,先来引进一些有关的概念.

设 R 是(F,P)的实闭包;$\alpha\in R$. 若对于某个 $c\in\dot{P}$,开区间 $]\alpha-c,\alpha+c[_{R^2}$不包含 F 的元素,就称 α 是**关于 F 的孤立元**;此时,又称 $]\alpha-c,\alpha+c[_{R^2}$与 F 是**分离的**. 非孤立元又称为**关于 F 的极限元**. 当 F 在 R 内不是稠密集时,R 中必有关于 F 的孤立元. 孤立元关于 F 的极小多项式,其次数必定大于 1.

今有两个有关极限元的引理:

引理 2.9.1　设 R 是(F,P)的实闭包. 于是 R 中所有关于 F 的极限元组成一个包含 F 的子域.

证明　设 α,β 是任意两个极限元. 按所设,对每个 $c\in\dot{P}$,总有 $a,b\in F$,使得 $\alpha-c\underset{R^2}{<}a\underset{R^2}{<}\alpha,\beta\underset{R^2}{<}b\underset{R^2}{<}\beta+c$ 成立,从而有 $\alpha+\beta-c\underset{R^2}{<}a+b\underset{R^2}{<}\alpha+\beta+c$,即 $]\alpha+\beta-c,\alpha+\beta+c[_{R^2}$ 包含 F 的元素,换言之,$\alpha+\beta$ 是极限元. 有类似的方式还可以证明 $\alpha\beta$ 也是极限元. 因此,所有的极限元组成 R 中的一个子域,它自然包含 F.

以下用 $\tilde{F}$ 来记这个由全体极限元所成的子域. F 在 $\tilde{F}$ 内是稠密的,又 R 中关于 $\tilde{F}$ 的极限元,必然是关于 F 的极限元,从而属于 $\tilde{F}$.

引理 2.9.2　设 $R,\tilde{F}$ 如前;又设

$$f(X)=X^n+\beta_1X^{n-1}+\cdots+\beta_n\in\tilde{F}[X]$$

在 R 中有单根 x,于是,对于任一给定的 $c\in P$,必有某个 $d\in\dot{P}$,使得当

$$g(X)=X^n+b_1X^{n-1}+\cdots+b_n\in F[X]$$

满足 $|\beta_j\cdots b_j|_{R^2}\underset{R^2}{<}d$ 时,$j=1,\cdots,n$,$g(X)=0$ 在 R 中有单根 y,满足 $|x-y|_{R^2}\underset{R^2}{<}c$.

证明　由于 x 是 $f(X)=0$ 的单根,所以在 x 的某个充分小的邻域内,$f(X)$ 是单调的,即对于某个 $c'\underset{P}{<}c$,有 $f(x-c')f(x+c')\underset{R^2}{<}0$. 取 $\dot{P}$ 中的 d',使得 $d'\underset{R^2}{<}\min\{|f(x-c')|_{R^2},|f(x+c')|_{R^2}\}$. 又取 $e\in\dot{P}$,使得

$$|x\pm c'|_{R^2}^{j}\underset{R^2}{\leqslant}e,j=0,1,\cdots,n-1$$

最后再取 $d\in\dot{P}$,使得 $d\underset{P}{<}\dfrac{d'}{ne}$. 由于 F 在 $\tilde{F}$ 中是稠密的,故可选择适当的 $b_j\in F$,满足

$$|\beta_j-b_j|_{R^2}\underset{R^2}{<}d\underset{R^2}{<}\frac{d'}{ne}$$

现在令

$$g(X)=X^n+b_1X^{n-1}+\cdots+b_n\in F[X]$$

于是

$$\begin{aligned}&|f(x\pm c')-g(x\pm c')|_{R^2}\\ \underset{R^2}{\leqslant}&\sum_{j=1}^{n}|\beta_j-b_j|_{R^2}\cdot|x\pm c'|_{R^2}^{n-j}\underset{R^2}{<}d'\end{aligned}$$

从而有

$$\begin{cases}f(x-c')g(x-c')\underset{R^2}{>}0\\ f(x+c')g(x+c')\underset{R^2}{>}0\end{cases}\tag{2.9.2}$$

这表明了 $g(X)=0$ 在 R 的开区间 $]x-c',x+c'[_{R^2}$ 内有单根 y,并且满足 $|x-y|_{R^2}\underset{R^2}{<}c'\underset{R^2}{<}c$.

2.7 节中所举的例子,使人们有这样的猜测:要使得序域(F,P)上的半正定多项式能表作 F 上有理函数的平方和,其必要条件可能是 F 在(F,P)的实闭包内稠密. 下面的定理证明了这个猜测是正确的.

定理(McKenna) 序域(F,P)具有弱希尔伯特性质,当且仅当 F 在它关于 P 的实闭包 R 内是稠密的;另外,(F,P)具有希尔伯特性质,当且仅当除上述条件外,又有 $P=S_F$,即 P 是 F 唯一的序.

证明 定理的充分性从定理 2.7.1 以及推论 2.7.4直接得出.

现在来证其必要性. 假若 F 在 R 内不是稠密的,则 R 中必有关于 F 的孤立元. 令 α 是其中之一;又令 $p(X)$是 α 关于 F 的极小多项式. 我们可以选择一个 α,使得 $p(X)$有最小的次数 $n=\deg p(X)$. 显然,$n>1$. 如果 $p(X)=0$ 在 R 中尚有其他的根,设为 $\alpha_2,\cdots,\alpha_r$,今断言,$\alpha_2,\cdots,\alpha_r$ 都是关于 F 的孤立元. 因若不然,设 α_2 是一个极限元,即 $\alpha_2\in\tilde{F}$,则$\dfrac{p(X)}{X-\alpha_2}\in\tilde{F}[X]$是一个

$n-1$次的多项式，且有 α 为其单根. 据引理 2.9.2，F 上有一个次数为 $n-1$ 的多项式. 它的根充分接近 α，从而也是关于 F 的孤立元. 但这与 α 的取法相矛盾，因此，$\alpha_2,\cdots,\alpha_r$ 只能是孤立元[①].

现在我们来作出一个在 F 上是半正定的，但不是强半正定的单元多项式. 对于上一段中出现的每个 α_j，都有一个 $c_j\in\dot{P}$，使得 $]\alpha_j-c_j,\alpha_j+c_j[_{R^2}$ 与 F 是分离的，取 $c=\min\limits_{1\leqslant j\leqslant r}\{c_j\}$，于是，$\alpha_j+\dfrac{c}{2}$都是孤立元，$j=1,\cdots,r$，$F$ 上的多项式

$$q(X)=p(X-\frac{c}{2})$$

以 $\alpha_1+\dfrac{c}{2},\alpha_2+\dfrac{c}{2},\cdots,\alpha_r+\dfrac{c}{2}$为它在 R 中的全部根. 再令

$$f(X)=p(X)q(X)$$

今断言，$f(X)$在 F 上是半正定的，但不是强半正定的. 因若对于某个 $a\in F$，有 $f(a)=p(a)q(a)=p(a)\cdot p\left(a-\dfrac{c}{2}\right)\underset{P}{<}0$，则 $p(X)=0$ 在 $]a-\dfrac{c}{2},a[_{R^2}$内有单根 $\beta\in R$(命题 2.3.5). 根据上一段的证明，这个 β 应是某个 α_i，即 $a-\dfrac{c}{2}\underset{R^2}{<}\alpha_i\underset{R^2}{<}a$，从而 $\alpha_i\underset{R^2}{<}a\underset{R^2}{<}\alpha_i+\dfrac{c}{2}$，与 c 的取法相矛盾. 这证明了$f(X)$是半正定的. 另一方面，当 X 通过 α_j 或者 $\alpha_j+\dfrac{c}{2}$时，$p(X)$与 $q(X)$二者之中必有一个改变符号，而另一个不变号. 因此，$f(X)$变号，换言

---

① 若 α 是 $p(X)=0$ 在 R 中仅有的根，本段的论证自可免去，而不影响以下的证明.

之，$f(X)$在 R 上不是半正定的，这与命题 2.9.1 相矛盾. 定理的前一部分即告证明.

至于定理的后一结论，从上述论断以及命题 2.9.2立即得出.

下面的两个推论，都直接从定理的证明中得出：

推论 2.9.1 (F,P)有弱希尔伯特性质，其充要条件是 F 上每个半正定的单元多项式，都是强半正定的.

推论 2.9.2 (F,P)有希尔伯特性质，其充要条件是 F 上每个半正定的单元多项式，都能表作单元有理函数的平方和.

本节的内容可参考[28]，[32]. 推论 2.9.2 结论中的单元有理函数尚可改进成为单元多项式，见[1]，[28]. 此结果又可从一条一般性的定理得到，见后面的命题 2.13.1.

2.10 有弱希尔伯特性质的亚序域

在 2.9 节中，我们已就序域的情形讨论了希尔伯特第十七问题的逆问题. 在本节和下一节中，我们将对亚序域的情形进行讨论. 在本节中，仅限于有有限个序的亚序域；一般的情形，则留待于下一节. 从 2.9 节中的定义可见，对于亚序域(F,Q)而言，希尔伯特性质与弱希尔伯特性质的差异，仅仅在于是否有 $S_F = Q$. 因此，以下的讨论不妨迳限于弱希尔伯特性质.

在上一节，我们已对有弱希尔伯特性质的序域给出了刻画，即 McKenna 定理. 序域是确定了某个序的亚序域，因此只涉及一个序. 作为该定理的一个推广，今有：

定理(Prestel) 设(F,Q)是仅有有限个序的亚序域. (F,Q)具有弱希尔伯特性质，当且仅当 F 在

(F,Q)的每个实闭包内都是稠密的.

证明　充分性,按命题 2.9.1,只需证明亚序域(F,Q)上每个非强半正定的多项式,同时也不是半正定的. 设$f(X_1,\cdots,X_n)\in F[X_1,\cdots,X_n]$在$(F,Q)$上不是强半正定的,即对于$(F,Q)$的某个实闭包 R,以及某个$(\alpha_1,\cdots,\alpha_n)\in R^{(n)}$,有$f(\alpha_1,\cdots,\alpha_n)\underset{R^2}{<}0$. 由多项式函数的连续性,以及 F 在 R 中的稠密性,知有某个$(a_1,\cdots,a_n)\in F^{(n)}$,使得$f(a_1,\cdots,a_n)\underset{P}{<}0$,此处 $P=R^2\cap F$ 是(F,Q)的一个序. 因此,$f(X_1,\cdots,X_n)$在(F,Q)上也不是半正定的.

必要性. 设 $P,P_1,\cdots,P_m(m\geqslant 1)$是$(F,Q)$所有的序;又以 $R,R_1,\cdots,R_m$ 分别表示 F 关于它们的实闭包. 由于 $P\not\subseteq P_l$,从而有 $a_l\in P\backslash P_l$,$l=1,\cdots,m$. 今证明,F 在 R 中稠密.

假若断言不成立,则 R 中必有关于 F 的孤立元,即有某个 $\alpha\in R$,以及某个 $c\in\dot{P}$,使得$]\alpha-c,\alpha+c[_{R^2}$与 F 是分离的. 令设 α 在 F 上的极小多项式 $f(X)$ 在 $R[X]$中分解成

$$f(X)=(X-\alpha_1)\cdots(X-\alpha_r)(X-\beta_1)\cdots(X-\beta_s)\cdot$$
$$[(X+u_1)^2+v_1^2]\cdots[(X+u_t)^2+v_t^2]$$

其中 $\alpha_1=\alpha,\alpha_i,\beta_j,u_k,0\neq v_k\in R$,$]\alpha_i-\frac{c}{2},\alpha_i+\frac{c}{2}[_{R^2}$与 F 是分离的,但$]\beta_j-\frac{c}{2},\beta_j+\frac{c}{2}[_{R^2}$则否,$i=1,\cdots,r$;$j=1,\cdots,s$;$r\geqslant 1$,$s\geqslant 0$.

于是存在 $b_j\in F$,满足$|b_j-\beta_j|_{R^2}\underset{R^2}{<}\frac{c}{2}$,$j=1,\cdots,s$,此外,由于 v_k 是 F 上的非零代数元,故有 $c_k\in\dot{P}$,使得$|v_k|_{R^2}\underset{R^2}{>}c_k$,$k=1,\cdots,t$.

令 $\Delta=\left(\frac{c}{2}\right)^{r+s}c_1^2,\cdots,c_t^2$,今考虑多项式

$$H(X;Y_j;Z_l)=\frac{(f(X))^2}{\Delta^2}-1+\sum_{j=1}^{s}\{Y_j^2((X-b_j)^2-c^2)-1\}^2+\sum_{l=1}^{m}(a_lZ_l^2-1)^2 \quad (2.10.1)$$

这是 F 上的一个 $s+m+1$ 元多项式，且当 $X=\alpha\in R;Y_j=(\sqrt{(\alpha-b_j)^2-c^2})^{-1}\in R,j=1,\cdots,s,Z_l=(\sqrt{a_l})^{-1}\in R,l=1,\cdots,m$ 时，多项式 $H(X;Y_j;Z_l)$ 所取的值为 -1. 因此，这个由(2.10.1)所定出的多项式在 (F,Q) 上不是强半正定的. 由于 (F,Q) 有弱希尔伯特性质，根据命题 2.9.1，这个 $H(X;Y_j;Z_l)$ 在 (F,Q) 上也不是半正定的. 这表明了，对于 $\{P,P_1,\cdots,P_m\}$ 中的某个 P_*，以及 F 中元素 $a,d_1,\cdots,d_s,e_1,\cdots,e_m$，有

$$H(a;d_j;e_l)\underset{P_*}{<}0$$

即

$$\frac{(f(a))^2}{\Delta^2}-1+\sum_{j=1}^{s}\{d_j^2((a-b_j)^2-c^2)-1\}^2+\sum_{l=1}^{m}(a_le_l^2-1)^2\underset{P_*}{<}0$$

成立. 由此可得

$$\frac{(f(a))^2}{\Delta^2}\underset{P_*}{<}1$$

$$d_j^2((a-b_j)^2-c^2)\underset{P_*}{>}0,j=1,\cdots,s$$

$$a_le_l^2\underset{P_*}{>}0,l=1,\cdots,m$$

于是有 $a_l\underset{P_*}{>}0$，即 $a_l\in\dot{P}_*,l=1,\cdots,m$. 从 a_l 的取法，我们有 $P_*=P$，从而

$$(f(a))^2\underset{P}{<}\Delta^2 \quad (2.10.2)$$

以及 $(a-b_j)^2\underset{P}{>}c^2$，或者 $|a-b_j|_{R^2}\underset{R^2}{>}c,j=1,\cdots,s$. 于是，

$$|a-\beta_j|_{R^2}\underset{R^2}{>}|a-b_j|_{R^2}-|b_j-\beta_j|_{R^2}\underset{R^2}{>}c-\frac{c}{2}=\frac{c}{2},$$

$j=1,\cdots,s.$

由于 $]\alpha_i-\frac{c}{2},\alpha_i+\frac{c}{2}[_{R^2}$ 与 F 是分离的,故有 $|\alpha_i-a|_{R^2}\underset{R^2}{>}\frac{c}{2},i=1,\cdots,r.$ 从而又有

$$\begin{aligned}(f(a))^2&=(a-\alpha_1)^2\cdots(a-\alpha_r)^2(a-\beta_1)^2\cdots(a-\beta_s)^2\cdot\\&\quad[(a-u_1)^2+v_1]\cdots[(a-u_t)^2+v_t^2]\\&\underset{R^2}{>}\left(\frac{c}{2}\right)^{2r+2s}\cdot c_1^4\cdots c_t^4=\Delta^2\end{aligned}$$

与(2.10.2)矛盾,必要性即告证明.

由上述定理,人们也许会猜测,任何一个有弱希尔伯特性质的亚序域,在它的每个实闭包内都是稠密的. 但事实并不如此,请看下例:

例 考虑亚序域$(\mathbf{R}(t),S_{\mathbf{R}(t)})$,其中 t 是 $\mathbf{R}$ 上的一个未定元. 我们可证明以下的论断:

(1)$(\mathbf{R}(t),S_{\mathbf{R}(t)})$具有希尔伯特性质. 按定义,只需证明$(\mathbf{R}(t),S_{\mathbf{R}(t)})$有弱希尔伯特性质,即其上每个非强半正定多项式同时也不是半正定的.

设 $f(X_1,\cdots,X_n)$ 是$(\mathbf{R}(t),S_{\mathbf{R}(t)})$上一个非强半正定多项式,即对于$(\mathbf{R}(t),S_{\mathbf{R}(t)})$的某个实闭包 R,以及某个$(\alpha_1,\cdots,\alpha_n)\in R^{(n)}$,有

$$f(\alpha_1,\cdots,\alpha_n)\underset{R^2}{<}0$$

取 $d(t)\in\mathbf{R}[t]$,使得

$$\begin{aligned}g(t,X_1,\cdots,X_n)&=(d(t))^2\cdot f(X_1,\cdots,X_n)\\&\in\mathbf{R}[t,X_1,\cdots,X_n]\end{aligned}$$

从而有 $g(t,\alpha_1,\cdots,\alpha_n)\underset{R^2}{<}0$. 按2.6节中的命题,存在一个从 $\mathbf{R}[t,\alpha_1,\cdots,\alpha_n]$ 到 $\mathbf{R}$ 的 $\mathbf{R}$ – 同态 λ,使得

$$\lambda(t)=c\in\mathbf{R};\lambda(\alpha_i)=a_i\in\mathbf{R},i=1,\cdots,n$$

并且有

$$g(c,a_1,\cdots,a_n)=\lambda(g(t,\alpha_1,\cdots,\alpha_n))<0 \tag{2.10.3}$$

现在我们规定 $\mathbf{R}(t)$ 的另外一个 $P=P_{c+}$ 或 P_{c-}，使得

$$|t-c|_P<\varepsilon$$

其中 ε 遍取每个正实数，即 $t-c$ 关于 P 是 $\mathbf{R}$ 上的无限小. 按多项式的连续性，从(2.10.3)可得

$$g(t,a_1,\cdots,a_n)=g(c+(t-c),a_1,\cdots,a_n)\underset{P}{<}0$$

从而又有

$$f(a_1,\cdots,a_n)=g(t,a_1,\cdots,a_n)/(d(t))^2\underset{P}{<}0$$

这证明了 $f(X_1,\cdots,X_n)$ 在 $(\mathbf{R}(t),S_{\mathbf{R}(t)})$ 上不是半正定的.

(2) $\mathbf{R}(t)$ 在 $(\mathbf{R}(t),S_{\mathbf{R}(t)})$ 的每个实闭包中都不是稠密的. 设 $\mathbf{R}$ 是 $(\mathbf{R}(t),S_{\mathbf{R}(t)})$ 的任意一个实闭包. 令 $P=R^2\cap\mathbf{R}(t)$. 不失一般性，又设 $t\in P$. 今证明，$\mathbf{R}(t)$ 中有一个 e，使得 $\mathbf{R}(e)=\mathbf{R}(t)$；并且，$e$ 关于 P 是 $\mathbf{R}$ 上的正无限小. 若 t 是 $\mathbf{R}$ 上的正无限大，取 $e=t^{-1}$ 即可；否则，必有某个 $a\in\mathbf{R}$，使得 $t\underset{P}{<}a$. 此时实数集

$$M=\{r\in\mathbf{R}\mid t\underset{P}{<}r\}$$

是有下界的非空集，从而存在下确界 c. 可以断言，$|t-c|_P$ 是 $\mathbf{R}$ 上的正无限小. 因为，对于任意 $\varepsilon\in\dot{\mathbf{R}}^2$，$c-\varepsilon\notin M$，即 $c-\varepsilon\underset{P}{<}t$. 从而 $-\varepsilon\underset{P}{<}t-c$. 另一方面，有 $r_0\in M$，使得 $r_0\underset{P}{<}c+\varepsilon$，因此，$t\underset{P}{<}r_0\underset{P}{<}c+\varepsilon$，即 $t-c\underset{P}{<}\varepsilon$. 从而 $|t-c|_P\underset{P}{<}\varepsilon$，即 $e=|t-c|_P$ 满足要求.

依照后面的附录，可以证明，在 R 中开区间 $]e^{\frac{1}{2}},2e^{\frac{1}{2}}[_{R^2}$ 与 $\mathbf{R}(t)(=\mathbf{R}(e))$ 是分离的.

定理见[32]，[42]；此处的证明取自[41]. 本节所举的反例见[45].

2.11　亚序域的局部稠密性与弱希尔伯特性质

上节的例子说明,对于亚序域,“稠密性”一般来说是一个强于“弱希尔伯特性质”的概念. 因此,自然会产生一个问题,即怎样给出一个与弱希尔伯特性质等价的特性,使得这一特性与稠密性具有相近的性质和一定的关联,这就是本节所要讨论的中心问题.

定义　一个亚序域(F,Q)称作是局部稠密的,如果对于(F,Q)的每个有限实扩张K,以及任何$\alpha,\beta\in K,\alpha\neq\beta$,总有一个$a\in F$,使得对于$Q$在$K$上的某个拓展$P'$,有$a\in\,]\alpha,\beta[_{P'}$①.

以下我们始终设F是一个实域,Ω是F的代数闭包. 不失一般性,可以认定F的任何代数扩张都包含在Ω之内. 设R是F的任何一个实闭包. 按命题2.3.4,有$\Omega=R(\sqrt{-1})$. 从而对于Ω中每个元素α,可唯一地写如$\alpha=a+b\sqrt{-1}$,其中a,b都属于R. 此时称b为α关于R的虚部系数,记作$b=\mathrm{Im}_R(\alpha)$. 同时,我们还规定α关于序R^2的绝对值$|\alpha|_{R^2}$为

$$|\alpha|_{R^2}=\sqrt{a^2+b^2}\in R^2$$

容易验证,$|\ \ |_{R^2}$具有和通常复数的绝对值相类似的性质.

首先给出下面几个引理:

引理2.11.1　设$f(X)$是F上一个次数大于或等于1的多项式. 于是有$e,M\in\dot{S}_F$,使得对于F的每个实

---

① 此处及以后各处,$]\alpha,\beta[_{P'}$表示K中以α,β为端点关于P'的开区间,并不意指$\alpha\underset{P'}{<}\beta$.

闭包 R,总有

$$e \underset{R^2}{<} |\alpha|_{R^2} \underset{R^2}{<} M$$

此处 α 是 $f(X)=0$ 在 Ω 中的任何一个非零根.

证明 设 $f(X)=a_nX^n+a_{n-1}X^{n-1}+\cdots+a_0, a_n\neq 0$, $n\geqslant 1$. 于是,对于 F 的任意一个实闭包 R,以及 $f(X)=0$,在 Ω 中的任意一个根 α,我们有

$$|\alpha|_{R^2} \underset{R^2}{<} 1+\left|\frac{a_{n-1}}{a_n}\right|_{R^2}+\cdots+\left|\frac{a_0}{a_n}\right|_{R^2}$$

$$\underset{R^2}{<} n+1+\left(\frac{a_{n-1}}{a_n}\right)^2+\cdots+\left(\frac{a_0}{a_n}\right)^2$$

因此可取 $M=n+1+\left(\frac{a_{n-1}}{a_n}\right)^2+\cdots+\left(\frac{a_0}{a_n}\right)^2$.

当 $\alpha\neq 0$ 时,α^{-1} 是 $a_0X^n+a_1X^{n-1}+\cdots+a_n=0$ 的根. 由上面的讨论,知有 $d\in \dot{S}_F$,使得 $|\alpha^{-1}|_{R^2} \underset{R^2}{<} d$. 因此,只需取 $e=d^{-1}$.

引理 2.11.2 设 $f(X)$ 是 F 上的一个次数大于或等于 1 的多项式. 于是有 $e\in \dot{S}_F$,使得对于 F 的每个实闭包 R,总有

$$|\operatorname{Im}_R(\alpha)|_{R^2} \underset{R^2}{>} e$$

此处 α 是 $f(X)=0$ 在 $\Omega\backslash R$ 中的任意一个根.

证明 不失一般性,设 $f(X)$ 的首系数为 1,设 Y,Z 是 F 上两个未定元. 于是有

$$f(Y+Z\sqrt{-1})=f_1(Y,Z)+f_2(Y,Z)\sqrt{-1}$$

其中 $f_i(Y,Z)\in F[Y,Z]$, $i=1,2$. 今断言,$f_1(Y,Z)$ 与 $f_2(Y,Z)$ 无非常量的公因式.

因若 $d(Y,Z)$ 是 $f_1(Y,Z)$ 与 $f_2(Y,Z)$ 的一个非常量公因式,则有

$$f(Y+Z\sqrt{-1})=d(Y,Z)(q_1(Y,Z)+ q_2(Y,Z)\cdot\sqrt{-1})$$

此处 $q_i(Y,Z)=f_i(Y,Z)/d(Y,Z)\in F[Y,Z],i=1,2.$

设 $\alpha_1,\cdots,\alpha_n$ 是 $f(X)=0$ 在 Ω 内的全部根. 于是

$$f(Y+Z\sqrt{-1})=(Y+Z\sqrt{-1}-\alpha_1)\cdot\cdots\cdot(Y+Z\sqrt{-1}-\alpha_n)$$

由于 $\Omega[Y,Z]$ 是唯一因式分解整环,故有

$$d(Y,Z)=b(Y+Z\sqrt{-1}-\alpha_{i_1})\cdot\cdots\cdot(Y+Z\sqrt{-1}-\alpha_{i_m})\qquad(2.11.1)$$

这里 $b\in F,i_1,\cdots,i_m$ 是取自 $1,\cdots,n$ 中的 m 个不同的数字.

设 R 是 F 的任意一个实闭包. 于是 $\Omega[Y,Z]=R[Y,Z][\sqrt{-1}]$. 令 τ 是 $\Omega[Y,Z]$ 的一个 $R[Y,Z]$-自同构,使得 $\tau(\sqrt{-1})=-\sqrt{-1}$. 于是有

$$\begin{aligned}d(Y,Z)&=\tau(d(Y,Z))\\&=b(Y-Z\sqrt{-1}-\tau(\alpha_{i_1}))\cdot\cdots\cdot\\&\quad(Y-Z\sqrt{-1}-\tau(\alpha_{i_m}))\end{aligned}\qquad(2.11.2)$$

这样就得到 $d(Y,Z)$ 在 $\Omega[Y,Z]$ 中的两个不相伴的因式分解(2.11.1)与(2.11.2),矛盾.

于是,多项式 $f_1(Y,Z)$ 与 $f_2(Y,Z)$ 关于未定元 Y 的结式 $R_Z(f_1,f_2)$,是一个 F 上关于未定元 Z 的正次数多项式. 由引理 2.11.1,存在某个 $e\in\dot{S}_F$,使得对于 F 的每个实闭包 R,总有

$$|\beta|_{R^2}\underset{R^2}{>}e$$

这里 β 是 $R_Z(f_1,f_2)=0$ 在 Ω 中任意一个非零根.

若 α 是 $f(X)=0$ 在 $\Omega\backslash R$ 中的任意一个根,则 $\mathrm{Im}_R(\alpha)$ 显然是 $R_Z(f_1,f_2)=0$ 的一个非零根. 由上面的论断,即有

$$|\mathrm{Im}_R(\alpha)|_{R^2}\underset{R^2}{>}e$$

引理 2.11.3　设 $f(X_1,\cdots,X_n)\in F[X_1,\cdots,X_n]$;

$\alpha_1,\cdots,\alpha_n$属于 F 的一个实扩张,满足$f(\alpha_1,\cdots,\alpha_n)\neq 0$. 于是存在一个 $d\in \dot{S}_F$,使得对于 F 的每个包含 $\alpha_1,\cdots,\alpha_n$ 的实闭包 R,当 $y_i\in R$,而且$|y_i-\alpha_i|_{R^2}\underset{R^2}{<}d$,$i=1,\cdots,n$ 时总有

$$f(y_1,\cdots,y_n)\cdot f(\alpha_1,\cdots,\alpha_n)\underset{R^2}{>}0$$

证明 在 F 的每个包含 $\alpha_1,\cdots,\alpha_n$ 的实闭包 R 中,由泰勒展开式,我们有如下的估计

$$\begin{aligned}f(\bar{\alpha}+\bar{X})f(\bar{\alpha}) &= f(\alpha_1+X_1,\cdots,\alpha_n+X_n)f(\alpha_1,\cdots,\alpha_n)\\ &= f(\bar{\alpha})\Big(f(\bar{\alpha})+\sum_{i_1\cdots i_n}f_{i_1\cdots i_n}(\bar{\alpha})X_1^{i_1}\cdots X_n^{i_n}\Big)\\ &= (f(\bar{\alpha}))^2+\sum_{i_1\cdots i_n}f(\bar{\alpha})f_{i_1\cdots i_n}(\bar{\alpha})X_1^{i_1}\cdots X_n^{i_n}\\ &\underset{R^2}{>}(f(\bar{\alpha}))^2-\sum_{i_1\cdots i_n}\big((f(\bar{\alpha}))^2+\\ &\quad (f_{i_1\cdots i_n}(\bar{\alpha}))^2\big)|X_1|_{R^2}^{i_1}\cdots|X_n|_{R^2}^{i_n}\end{aligned}$$

从而当$|X_i|_{R^2}\underset{R^2}{<}1$ 时,$i=1,\cdots,n$,我们有

$$\begin{aligned}&f(\bar{\alpha}+\bar{X})f(\bar{\alpha})\\ &\underset{R^2}{>}(f(\bar{\alpha}))^2-\sum_{i_1\cdots i_n}\big((f(\bar{\alpha}))^2+(f_{i_1\cdots i_n}(\bar{\alpha}))^2\big)\cdot\\ &\sum_{j=1}^{n}|X_j|_{R^2}\end{aligned}$$

令 $\Delta=\dfrac{(f(\bar{\alpha}))^2}{n\sum\limits_{i_1\cdots i_n}\big((f(\bar{\alpha}))^2+(f_{i_1\cdots i_n}(\bar{\alpha}))^2\big)}$,则 $0\underset{R^2}{<}\Delta\underset{R^2}{<}1$,且当$|X_i|_{R^2}\underset{R^2}{<}\Delta$ 时,$i=1,\cdots,n$,有$f(\bar{\alpha}+\bar{X})f(\bar{\alpha})\underset{R^2}{>}0$.

再按引理 2. 11. 1,存在 $d\in\dot{S}_F$,使得有 $\Delta=|\Delta|_{R^2}\underset{R^2}{>}d$. 这个 d 就满足引理的要求.

作了如上的准备,现在我们来讨论亚序域. 首先给出与局部稠密性等价的几个性质:

定理 2.11.1　对于亚序域(F,Q),以下的断言是等价的:

(i)(F,Q)是局部稠密的;

(ii)对于(F,Q)的每个有限实扩张$F(\alpha)$,以及每个$e\in\dot{Q}$,必有Q在$F(\alpha)$上的一个拓展P',以及$a\in F$,使得$|a-\alpha|_{P'}\underset{P'}{<}e$;

(iii)对于(F,Q)的每个有限实扩张K;$\alpha_1,\cdots,\alpha_n\in K$,以及$e\in\dot{Q}$,必有$Q$在$K$上的一个拓展$P'$,以及$a_1,\cdots,a_n\in F$,使得有$|a_i-\alpha_i|_{P'}\underset{P'}{<}e,i=1,\cdots,n$;

(iv)对于(F,Q)的每个有限实扩张K;$\alpha_1,\cdots,\alpha_n,\beta_1,\cdots,\beta_n\in K$,其中$\alpha_i\neq\beta_i,i=1,\cdots,n$,必有$Q$在$K$上的一个拓展$P'$,以及$a_1,\cdots,a_n\in F$,使得$a_i\in\,]\alpha_i,\beta_i[_{P'},i=1,\cdots,n$.

证明　(i)⇒(ii).由局部稠密性,有$a\in F$,使得对于Q在$F(\alpha)$上的某个拓展P',有$a\in\,]\alpha-e,\alpha+e[_{P'}$,即$|a-\alpha|_{P'}\underset{P'}{<}e$.

(ii)⇒(iii).由熟知的本质元定理,可设$K=F(\alpha)$.从而$\alpha_i=h_i(\alpha)$,此处$h_i(X)\in F[X],i=1,\cdots,n$.考察多项式$\varphi(X,Y)=\sum_{i=1}^{n}(h_i(X)-h_i(Y))^2-e^2$.按引理2.11.3,知有$d\in\dot{S}_F$,使得对于$F$的每个包含$\alpha$的实闭包$R$,只要$|X-\alpha|_{R^2}\underset{R^2}{<}d,|Y-\alpha|_{R^2}\underset{R^2}{<}d$,$\varphi(X,Y)$恒与$\varphi(\alpha,\alpha)=-e^2$同号,即$\varphi(X,Y)\underset{R^2}{<}0$.由(ii),知有$a\in F$,使得对于$Q$在$K$上的某个拓展$P'$,$|a-\alpha|_{P'}\underset{P'}{<}d$.从而$\varphi(a,\alpha)\underset{P'}{<}0$,故有

$$\sum_{i=1}^{n}(h_i(a)-\alpha_i)^2=\sum_{i=1}^{n}(h_i(a)-h_i(\alpha))^2\underset{P'}{<}e^2$$

于是 $|h_i(a)-\alpha_i|_{P'}\underset{P'}{<}e, i=1,\cdots,n$. 令 $a_i=h_i(a)$, $i=1,\cdots,n$,则 $a_1,\cdots,a_n$ 即为所求.

(iii)⇒(iv). 由引理 2. 11. 1,知有 $e_i\in\dot{S}_F$,使得对于 F 的每个实闭包 R,恒有 $\left|\dfrac{\alpha_i-\beta_i}{2}\right|_{R^2}\underset{R^2}{>}e_i, i=1,\cdots,n$.

令 $e=\prod\limits_{i=1}^{n}\dfrac{e_i}{1+e_i}\in S_F$. 由(iii),知有 $a_1,\cdots,a_n\in F$,使得对 Q 在 K 上的某个拓展 P',有

$$\left|\frac{\alpha_i+\beta_i}{2}-a_i\right|_{P'}\underset{P'}{<}e, i=1,\cdots,n$$

此时显然有

$$\left|\frac{\alpha_i+\beta_i}{2}-a_i\right|_{P'}\underset{P'}{<}e_i\underset{P'}{<}\left|\frac{\alpha_i-\beta_i}{2}\right|_{P'}$$

这表明了 $a_i\in\,]\alpha_i,\beta_i[_{P'}, i=1,\cdots,n$.

(iv)⇒(i). 显然成立.

下面,我们来给出具有弱希尔伯特性质的亚序域的一个刻画:

定理 2. 11. 2　亚序域 (F,Q) 具有弱希尔伯特性质,当且仅当 (F,Q) 是局部稠密的.

证明　充分性. 由命题 2. 9. 1,只需证明每个在 (F,Q) 上为非强半正定的多项式 $f(X_1,\cdots,X_n)$,同时也不是半正定的. 根据非强半正定的所设,对于 (F,Q) 的某个实闭包 R,有 $(\alpha_1,\cdots,\alpha_n)\in R^{(n)}$,使得 $f(\alpha_1,\cdots,\alpha_n)\underset{R^2}{<}0$. 设 $d\in\dot{S}_F$ 是由 $f(X_1,\cdots,X_n)$ 以及 $\alpha_1,\cdots,\alpha_n$ 所确定的满足引理 2. 11. 3 的全正元素. 令 $K=F(\alpha_1,\cdots,\alpha_n,\sqrt{-f(\alpha_1,\cdots,\alpha_n)})\subseteq R$,于是 K 是亚序域 (F,Q) 的一个有限实扩张. 由定理 2. 11. 1(i)和(iii),知有 $a_1,\cdots,a_n\in F$,使得 $|a_i-\alpha_i|_{P'}\underset{P'}{<}d, i=1,\cdots,n$,这里 P'

是 Q 在 K 上的一个拓展. 按引理2.11.3,$f(a_1,\cdots,a_n)$与$f(\alpha_1,\cdots,\alpha_n)$关于序 P' 有相同的符号. 由于$f(\alpha_1,\cdots,\alpha_n)=-(\sqrt{-f(\alpha_1,\cdots,\alpha_n)})^2\underset{P'}{<}0$,从而$f(a_1,\cdots,a_n)\underset{P'}{<}0$. 注意到 $P=P'\cap F$ 是(F,Q)的一个序,因此,$f(X_1,\cdots,X_n)$在(F,Q)上不是半正定的.

必要性. 据定理2.11.1(i)和(ii),只需证明,对于(F,Q)的每个有限实扩张 $F(\alpha)$以及 $e\in\dot{Q}$,必有 Q 在 $F(\alpha)$上的一个拓展 P',以及 $a\in F$,使得$|a-\alpha|_{P'}\underset{P'}{<}e$.

设$f(X)$是 α 在 F 上的极小多项式,$e_1\in\dot{S}_F$ 是由$f(X)$所确定的,满足引理2.11.2 的全正元素. 令 $\Delta=\dfrac{e}{1+e}\cdot\dfrac{e_1}{1+e_1}$,以及 $\varphi(X)=(f(X))^2-\Delta^{2n}$,此处 n 是$f(X)$的次数. 若P'是 Q 在 $F(\alpha)$上的任意一个拓展,则有 $\varphi(\alpha)=-\varphi^{2n}\underset{P'}{<}0$. 因此,$\varphi(X)$在$(F,Q)$上不是强半正定的. 按所设,$(F,Q)$有弱希尔伯特性质,故由命题2.9.1,$\varphi(x)$在$(F,Q)$上也不是半正定的. 于是,对于$(F,Q)$的某个序 P,以及某个 $a\in F$,应有 $\varphi(a)\underset{P}{<}0$,即$(f(a))^2-\varphi^{2n}\underset{P}{<}0$. 从而有

$$|f(a)|_P\underset{P}{<}\Delta^n \qquad (2.11.3)$$

设 R 是序域(F,P)的实闭包,并且$f(X)$在 R 上可以分解为

$$f(X)=(X-\alpha_1)\cdots(X-\alpha_s)((X+u_1)^2+v_1^2)\cdot\cdots\cdot((X+u_t)^2+v_t^2)$$

其中 $\alpha_i,u_j,0\neq v_j\in R,i=1,\cdots,s;j=1,\cdots,t$,以及 $s+2t=n$. 由引理2.11.2,可得

$$|(a+u_1)^2+v_1^2|_{R^2}\cdots|(a+u_t)^2+v_t^2|_{R^2}\underset{R^2}{\geqslant}v_1^2\cdots v_t^2\underset{R^2}{>}e_1^2\cdots e_1^2\underset{R^2}{>}\Delta^{2t} \qquad (2.11.4)$$

另一方面,由(2.11.3)得$|f(a)|_{R^2}\underset{R^2}{<}\Delta^{2n}$,即

$$|a-\alpha_1|_{R^2}\cdots|a-\alpha_s|_{R^2}\cdot$$
$$|(a+u_1)^2+v_1^2|_{R^2}\cdots$$
$$|(a+u_t)^2+v_t^2|_{R^2}\underset{R^2}{<}\Delta^n \qquad (2.11.5)$$

这就表明 $n\neq 2t$,因此 $s\neq 0$. 从(2.11.4)与(2.11.5),我们又可得到

$$|a-\alpha_1|_{R^2}\cdots|a-\alpha_s|_{R^2}\underset{R^2}{<}\Delta^s$$

因此,$\alpha_1,\cdots,\alpha_s$ 之中必有一个,设为 α_1,使得

$$|a-\alpha_1|_{R^2}\underset{R^2}{<}\Delta$$

令 τ 是 $F(\alpha)$ 到 R 内的一个 F-嵌入,有 $\tau(\alpha)=\alpha_1$. 从而我们可以按如下的方式规定 $F(\alpha)$ 的一个序 P':对于 $\eta\in F(\alpha)$,$\eta\underset{P'}{>}0$ 当且仅当 $\tau(\eta)\underset{R^2}{>}0$. 显然,$P'$ 是 Q 在 $F(\alpha)$ 上的一个拓展. 由于

$$-\Delta\underset{R^2}{<}\tau(a-\alpha)=(a-\alpha_1)\underset{R^2}{<}\Delta$$

故 $-\Delta\underset{P'}{<}a-\alpha\underset{P'}{<}\Delta$,即 $|a-\alpha|_{P'}\underset{P'}{<}\Delta\underset{P'}{<}e$. 必要性即告证明.

在上述必要性的证明过程中,我们实际上只用到以下的事实:

"每个在 (F,Q) 上的半正定单元多项式,同时是强半正定的."

因此有以下的:

推论 2.11.1　亚序域 (F,Q) 具有弱希尔伯特性质,当且仅当每个在 (F,Q) 上的半正定单元多项式,同时是强半正定的.

推论 2.11.2　亚序域 (F,Q) 具有希尔伯特性质,当且仅当每个在 (F,Q) 上的半正定单元多项式,都能表为单元有理函数的平方和.

为了阐明局部稠密性与稠密性之间的联系,以及局部稠密性所起的作用,今给出以下两个应用.

应用 1　使用定理 2.11.2 以证明 2.10 节中定理的

必要性部分(自然也包括 2.9 节中定理的同一部分).

设亚序域(F,Q)的全部序为$P,P_1,\cdots,P_m,m\geqslant 1$,与它们相对应的实闭包分别是$R,R_1,\cdots,R_m$,同样,我们有$a_l\in P$,但$a_l\notin P_l,l=1,\cdots,m$. 为了证明$F$在$R$中稠密,只需证明,对于$\alpha\in R,e\in\dot{P}$,必有$a\in F$,使得$|a-\alpha|_{R^2}\underset{R^2}{<}e$. 设$\alpha$在$R$中的全部共轭元为$\alpha=\alpha_1,\cdots,\alpha_s$. 令

$$K=F(\alpha_1,\cdots,\alpha_s,\sqrt{a_1},\cdots,\sqrt{a_m})\subseteq R$$

显然,K是(F,Q)的一个有限实扩张. 由于(F,Q)具有弱希尔伯特性质,按定理 2. 11. 2,(F,Q)是局部稠密的. 再由定理 2. 11. 1,必有一个Q在K上的拓展P',以及$b_1,\cdots,b_s\in F$,使得$b_i\in\,]\alpha_i-e,\alpha_i+e[_{P'},i=1,\cdots,s$. 令$P_0=P'\cap F$. 由于$a_l=(\sqrt{a_l})^2\in P'\cap F=P_0,l=1,\cdots,m$,从而$P_0=P$. 于是,$(K,P')$是$(F,P)$的一个序扩张. 据实闭包的唯一性(定理 2. 4. 2)存在一个从K到R内的保序F-嵌入τ. 于是,必有某个$i_0,1\leqslant i_0\leqslant s$,使得$\tau(\alpha_{i_0})=\alpha$. 由于$\alpha_{i_0}-e\underset{P'}{<}b_{i_0}\underset{P'}{<}\alpha_{i_0}+e$,从而$\tau(\alpha_{i_0}-e)\underset{R^2}{<}\tau(b_{i_0})\underset{R^2}{<}\tau(\alpha_{i_0}+e)$,即$\alpha-e\underset{R^2}{<}b_{i_0}\underset{R^2}{<}\alpha+e$. 2. 10 节中的定理的必要性即告证明.

应用 2　今使用定理以证明下述命题,它是第十七问题的一个推广.

命题　设亚序域(F,Q)具有弱希尔伯特性质,$f,g_1,\cdots,g_s\in F[X_1,\cdots,X_n]$. 若对于$(F,Q)$的每个序$P$,以及所有的$(a_1,\cdots,a_n)\in F^{(n)}$,只要

$$g_i(a_1,\cdots,a_n)\underset{P}{>}0,i=1,\cdots,s$$

总有$f(a_1,\cdots,a_n)\underset{P}{\geqslant}0$,则$f$可以表如形式

$$f=\sum_j b_j g_1^{\delta_{1j}}\cdots g_s^{\delta_{sj}}h_j^2$$

其中$b_j\in Q,h_j\in F(X_1,\cdots,X_n),\delta_{ij}=0,1,i=1,\cdots,s$.

证明 作集合

$S=\{$有限和 $\sum_j b_j g_1^{\delta_{1j}}\cdots g_s^{\delta_{sj}}h^2 \mid b_j\in Q, h_j\in F(X_1,\cdots, X_n);\delta_{ij}=0,1,i=1,\cdots,s\}$

假若命题不成立,即 $f\notin S$,容易验知,此时 S 是 $K=F(X_1,\cdots,X_n)$ 的一个亚序. 按引理 2. 1. 3,K 有一个序 P',使得 $f\notin P'$,以及 $S\subseteq P'$,注意到 $Q\subseteq S\subseteq P'$,从而 $P=P'\cap F$ 是(F,Q)的一个序. 令 R 是序域(F,P)的实闭包. 由于 $g_i\in P'$, $i=1,\cdots,s$, 据 2. 6 节中的命题,存在一个从 $F[X_1,\cdots,X_n]$ 到 R 的 F-同态 λ,使得

$$\begin{cases}\lambda(X_i)=\alpha_i\in R,i=1,\cdots,n\\ \lambda(g_j)\in R,\text{且 }\lambda(g_j)\underset{R^2}{>}0,j=1,\cdots,s\\ \lambda(f)\in R,\text{且 }\lambda(f)\underset{R^2}{<}0\end{cases}$$

从而有

$$\begin{cases}g_j(\alpha_1,\cdots,\alpha_n)=\lambda(g_j)\underset{R^2}{>}0,j=1,\cdots,s\\ f(\alpha_1,\cdots,\alpha_n)=\lambda(f)\underset{R^2}{<}0\end{cases}$$

设 $d,d_1,\cdots,d_s$ 分别是由多项式 $f,g_1,\cdots,g_s$ 和 $\alpha_1,\cdots,\alpha_n$ 所确定的,满足引理 2. 11. 3 的全正元素. 令 $L=F(\alpha_1,\cdots,\alpha_n,\sqrt{g_1(\alpha_1,\cdots,\alpha_n)},\cdots,\sqrt{g_s(\alpha_1,\cdots,\alpha_n)},\sqrt{-f(\alpha_1,\cdots,\alpha_n)})\subseteq R$. 显然,$L$ 是(F,Q)上的一个有限实扩张. 由定理 2. 11. 1 和定理 2. 11. 2,有 Q 在 L 上的一个拓展 P'',以及 $a_1,\cdots,a_n\in F$,使得

$$|a_i-\alpha_i|_{P''}\underset{P''}{<}\Delta,i=1,\cdots,n$$

这里 $\Delta=\dfrac{d}{1+d}\cdot\prod\limits_{j=1}^{S}\dfrac{d_j}{1+d_j}\in S_F$.

于是,$|a_i-\alpha_i|_{P''}\underset{P''}{<}\Delta\underset{P''}{<}d_j,i=1,\cdots,n;j=1,\cdots,s$. 由引理 2. 11. 3,$g_j(a_1,\cdots,a_n)\cdot g_j(\alpha_1,\cdots,\alpha_n)\underset{P''}{>}0$;然而 $g_j(\alpha_1,\cdots,\alpha_n)=(\sqrt{g_j(\alpha_1,\cdots,\alpha_n)})^2\in P''$,即 $g_j(\alpha_1,\cdots,$

$\alpha_n) \underset{P''}{>} 0$,因此有 $g_j(a_1,\cdots,a_n) \underset{P''}{>} 0, j=1,\cdots,s$. 同样,由于 $|a_i-\alpha_i|_{P''} \underset{P''}{<} d, i=1,\cdots,n$,根据引理2.11.3,可得到 $f(a_1,\cdots,a_n) \underset{P''}{<} 0$. 令 $P=P''\cap F$,则 P 是 (F,Q) 的一个序,并且有

$$\begin{cases} g_i(a_1,\cdots,a_n) \underset{P}{>} 0, i=1,\cdots,s \\ f(a_1,\cdots,a_n) \underset{P}{<} 0 \end{cases}$$

但这与命题的所设矛盾,因此应有 $f\in S$.

本节的内容见[42],[47];本节的命题也可见[37].

2.12 与定量问题有关的二次型理论

前面,我们已经正面地给出了希尔伯特第十七问题的解答:每个在实数域 $\mathbf{R}$ 上半正定的 n 元多项式都可以表示为若干个 $\mathbf{R}(X_1,\cdots,X_n)$ 中元素的平方和. 同时,我们进一步知道,当实数域 $\mathbf{R}$ 用任何一个实闭域来代替时,这一事实仍然成立. 然而,其中“若干个”一词并没有明确的定量含义. 因此,我们的结论仅仅是在定性方面对希尔伯特第十七问题的一个解答. 很自然,这样一个与希尔伯特第十七问题有关的定量问题,将是十分有意义和有趣的:对于一个实闭域 R,究竟用多少个 $R(X_1,\cdots,X_n)$ 中元素的平方和,就足以表示 R 上每个半正定的 n 元多项式? 为一般化起见,我们可以这样更笼统地提出问题:设 F 是一个域,那么是否存在一个仅与 F 有关的最小自然数 m,使得每个 F 中的元素的平方和,都可以表示为至多 m 个元素的平方之和? 如果有这样的自然数 m 存在,我们称这个自然数 m 为域 F 的 Pythagoras 数,并用符号 $p(F)$ 来表示;否则,规定 $p(F)=\infty$. 由此,对于一个实闭域 R,上面所谈的定量问题实际上是确定 Pythagoras 数 $p(R(X_1,\cdots,X_n))$ 的取值范围. 对于这类问题,希尔伯特等人曾就一些简单的特殊情形得到一些结果. 直到 1964 年, Cassels 在一般情形下给出了 $p(R(X_1,\cdots,X_n))$ 的一个下界. 稍后, A. Pfister 在 1967 年应用他在二次型方面所建立的理论,给出了 $p(R(X_1,\cdots,X_n))$ 的一个上界. 在后面的两节中,我们将分别讨论 Cassels 和 Pfister 的结果.

无论 Cassels 还是 Pfister 的工作,都涉及二次型的理论. 作为预备工作,我们在本节中介绍二次型理论中的一些基本概念和必需的有关结论.

在本节和以后两节中,所涉及的域的特征均不为 2,今后不再特别说明. 设 F 是一个域, $F^{(n)}=\{(a_1,\cdots,a_n)\mid a_1,\cdots,a_n\in F\}$ 是 F 上的 n 维向量空间. F 上的一个 n 维(二次)型是形如 $<a_1,\cdots,a_n>$ 的式子,其中 $a_i\in\dot{F},i=1,\cdots,n$. 对于 F 上的一个型 $q=<a_1,\cdots,a_n>$,除选用的字母差异外, q 唯一地对应着 F 上的二次型 $q(\bar{X})=a_1X_1^2+\cdots+a_nX_n^2$,和双线性型 $q(\bar{X},\bar{Y})=a_1X_1Y_1+\cdots+a_nX_nY_n$. 因此,在不引起混淆的情况下,我们将用同一字母来表示 F 上的一个型,以及由它决定的二次型和双线性型. F 上的两个型 $q_1=<a_1,\cdots,a_n>$ 和 $q_2=<b_1,\cdots,b_n>$ 称作在 F 上**合同**,如果它们对应的二次型 $q_1(\bar{X})$ 和 $q_2(\bar{X})$ 在 F 上合同,也就是说,有 F 上的 n 阶可逆矩阵 $\boldsymbol{T}$,使得

$$\boldsymbol{T}'\begin{pmatrix}a_1 & & \\ & \ddots & \\ & & a_n\end{pmatrix}\boldsymbol{T}=\begin{pmatrix}b_1 & & \\ & \ddots & \\ & & b_n\end{pmatrix}$$

其中 $\boldsymbol{T}'$ 表示矩阵 $\boldsymbol{T}$ 的转置. 此时可记作 $q_1\underset{F}{\approx}q_2$. 显然,合同“$\underset{F}{\approx}$”是 F 上的型之间的一个等价关系. 容易知道,对于 $a_i\in\dot{F},i=1,\cdots,n$, $<a_1,\cdots,a_n>\underset{F}{\approx}<a_{i_1},\cdots,$

$i_{i_n}>$,其中 $i_1,\cdots,i_n$ 是 $1,\cdots,n$ 的任意一个排列; $<a_1,\cdots,a_n>\underset{F}{\approx}<a_1x_1^2,\cdots,a_nx_n^2>$,其中 $x_1,\cdots,x_n\in\dot{F}$.

设 q 是域 F 上的一个 n 维型,K 是 F 的一个域扩张(可能 $K=F$),则 q 显然可作为 K 上的一个型,并且我们有一个非空集合 $D_K(q)=\{q(u)\in\dot{K}\mid u\in K^{(n)}\}$. 若 $d\in D_K(q)$,则称 d 可在 K 上由 q 表示. 显然,当 $q_1\underset{F}{\approx}q_2$ 时,我们有 $D_K(q_1)=D_K(q_2)$;此外,若 $d\in D_K(q)$,即对于某个 $u\in K^{(n)}$(n 为型 q 的维数),$d=q(u)$,则 $d^{-1}=d^{-2}q(u)=q(d^{-1}u)\in D_K(q)$.

命题 2.12.1　设 q 是域 F 上的一个 n 维型,$d\in\dot{F}$,则 $d\in D_F(q)$,当且仅当有 $b_2,\cdots,b_n\in\dot{F}$,使得 $q\underset{F}{\approx}<d,b_2,\cdots,b_n>$.

证明　"$\Leftarrow$":设 $q\underset{F}{\approx}q'=<d,b_2,\cdots,b_n>$,其中 $b_2,\cdots,b_n\in\dot{F}$,则 $d=d\cdot1^2+b_2\cdot0^2+\cdots+b_n\cdot0^2\in D_F(q')=D_F(q)$.

"$\Rightarrow$":设 $d\in D_F(q)$;又令 $q=<a_1,\cdots,a_n>$,则有 $d=a_1c_1^2+\cdots+a_nc_n^2$,这里 $c_1,\cdots,c_n\in F$. 由于 $d\neq0$,从而 $c_1,\cdots,c_n$ 不全为0,不妨设 $c_1\neq0$.

记 $\boldsymbol{A}=\begin{pmatrix}a_2&&\\&\ddots&\\&&a_n\end{pmatrix}$;$\boldsymbol{\alpha}=(c_2,\cdots,c_n)$;$\boldsymbol{E}$ 为 F 上的 $n-1$ 阶单位矩阵,则由分块矩阵的计算可得

$$\begin{pmatrix}1&\boldsymbol{0}\\-d^{-1}\boldsymbol{A}'\boldsymbol{\alpha}'&\boldsymbol{E}\end{pmatrix}\begin{pmatrix}c_1&\boldsymbol{\alpha}\\\boldsymbol{0}&\boldsymbol{E}\end{pmatrix}\begin{pmatrix}a_1&\boldsymbol{0}\\\boldsymbol{0}&\boldsymbol{A}\end{pmatrix}\begin{pmatrix}c_1&\boldsymbol{0}\\\boldsymbol{\alpha}'&\boldsymbol{E}\end{pmatrix}\cdot\begin{pmatrix}1&-d^{-1}\boldsymbol{\alpha}\boldsymbol{A}\\\boldsymbol{0}&\boldsymbol{E}\end{pmatrix}=\begin{pmatrix}d&\boldsymbol{0}\\\boldsymbol{0}&\boldsymbol{A}-\boldsymbol{A}\boldsymbol{\alpha}'\boldsymbol{\alpha}\boldsymbol{A}\end{pmatrix}$$

由于 $\boldsymbol{A}-\boldsymbol{A}\boldsymbol{\alpha}'\boldsymbol{\alpha}\boldsymbol{A}$ 是 F 上的 $n-1$ 阶对称矩阵,从而有 F 上的 $n-1$ 阶可逆矩阵 $\boldsymbol{T}_1$,使得

$$T_1'(A - A\alpha'\alpha A)T_1 = \begin{pmatrix} b_2 & & \\ & \ddots & \\ & & b_n \end{pmatrix}$$

令 $T = \begin{pmatrix} c_1 & \mathbf{0} \\ \alpha' & E \end{pmatrix}\begin{pmatrix} 1 & -d^{-1}\alpha A \\ \mathbf{0} & E \end{pmatrix}\begin{pmatrix} 1 & \mathbf{0} \\ \mathbf{0} & T_1 \end{pmatrix}$，于是 T 是 F 上的可逆矩阵，且有

$$T'\begin{pmatrix} a_1 & & & \\ & a_2 & & \\ & & \ddots & \\ & & & a_n \end{pmatrix}T = \begin{pmatrix} b_1 & & & \\ & b_2 & & \\ & & \ddots & \\ & & & b_n \end{pmatrix}$$

其中 $b_2,\cdots,b_n \in \dot{F}$，因此 $q \underset{F}{\approx} <d,b_2,\cdots,b_n>$.

定义 2.12.1 设 q 是域 F 上的一个 n 维型. 若有一个非零向量 $\boldsymbol{u} \in F^{(n)}$，使得 $q(\boldsymbol{u}) = 0$，则称 q 在 F 上是**迷向的**；否则，称 q 在 F 上是**反迷向的**.

从定义可知，迷向型的维数必定大于 1. 此外，易知当 $q \underset{F}{\approx} \sigma$ 时，q 成为迷向的，当且仅当 σ 是迷向的. 对于迷向型，我们还有：

命题 2.12.2 对于域 F 上的 n 维迷向型 q，有以下的论断成立：

(i) 存在 $b_3,\cdots,b_n \in \dot{F}$，使得 $q \underset{F}{\approx} <1,-1,b_3,\cdots,b_n>$.

(ii) $D_F(q) = \dot{F}$.

证明 (i) 设 $q = <a_1,\cdots,a_n>$，此时 $n \geqslant 2$. 于是有非零向量 $(c_1,\cdots,c_n) \in F^{(n)}$，使得 $a_1c_1^2 + \cdots + a_nc_n^2 = 0$. 不妨设 $c_1 \neq 0$，于是 $-a_1 = a_2\left(\frac{c_2}{c_1}\right)^2 + \cdots + a_n\left(\frac{c_n}{c_1}\right)^2 \in D_F(<a_2,\cdots,a_n>)$. 按命题 2.12.1，应有 $<a_2,\cdots,a_n> \underset{F}{\approx} <-a_1,b_3,\cdots,b_n>$，其中 $b_3,\cdots,b_n \in \dot{F}$. 再由于

$$T'\begin{pmatrix} a_1 & \\ & -a_1 \end{pmatrix}T = \begin{pmatrix} 1 & \\ & -1 \end{pmatrix}$$

其中 $T=\dfrac{1}{2}\begin{pmatrix} 1+a_1^{-1} & a_1^{-1}-1 \\ a_1^{-1}-1 & 1+a_1^{-1} \end{pmatrix}$ 为 F 上的可逆矩阵，从而可得 $q \underset{F}{\approx} <a_1, -a_1, b_3, \cdots, b_n> \underset{F}{\approx} <1, -1, b_3, \cdots, b_n>$.

(ii) 设 $d \in \dot{F}$，则由(i)有 $d=\left(\dfrac{1+d}{2}\right)^2-\left(\dfrac{1-d}{2}\right)^2+b_3\cdot 0^2+\cdots+b_n\cdot 0^2 \in D_F(<1, -1, b_3, \cdots, b_n>)=D_F(q)$.

对于满足(ii)的型 q，称作在 F 上是**泛的**.

命题 2.12.3　对于域 F 上的两个 2 维型 $q=<a_1, a_2>$ 和 $\sigma=<b_1, b_2>$，$q \underset{F}{\approx} \sigma$ 当且仅当 $b_1 \in D_F(q)$，并且 $a_1a_2b_1b_2 \in \dot{F}^2$.

证明　若 $q \underset{F}{\approx} \sigma$，则 $b_1=b_1\cdot 1^2+b_2\cdot 0^2 \in D_F(\sigma)=D_F(q)$，且有可逆矩阵 T，使得有

$$T'\begin{pmatrix} a_1 & \\ & a_2 \end{pmatrix}T = \begin{pmatrix} b_1 & \\ & b_2 \end{pmatrix}$$

两边取行列式，即有 $a_1a_2|T|^2=b_1b_2$. 从而 $a_1a_2b_1b_2=(a_1a_1|T|)^2 \in \dot{F}^2$. 反之，若 $b_1 \in D_F(q)$，且 $a_1a_2b_1b_2=e^2$，其中 $e \in \dot{F}$，则由命题 2.12.1，有 $<a_1, a_2> \underset{F}{\approx} <b_1, c>$. 由必要性的证明，我们有 $a_1a_2b_1c=h^2, h \in \dot{F}$. 这样，$c=b_2(he^{-1})^2$，从而 $<b_1, c> \underset{F}{\approx} <b_1, b_2>$，故 $<a_1, a_2> \underset{F}{\approx} <b_1, b_2>$.

此外，我们还可以对 F 上的型来规定两个运算：直和 $\oplus$ 和张量积 $\otimes$. 设 $q=<a_1, \cdots, a_n>$，$\sigma=<b_1, \cdots, b_m>$ 是 F 上的两个型. 今规定

$$q \oplus \sigma = \langle a_1, \cdots, a_n, b_1, \cdots, b_m \rangle \qquad (2.12.1)$$

$$q \otimes \sigma = \langle a_1 b_1, \cdots, a_n b_1, a_1 b_2, \cdots, a_n b_2, \cdots, a_1 b_m, \cdots, a_n b_m \rangle \qquad (2.12.2)$$

作为练习,建议读者自行验证以下有关这两个运算的基本性质:

命题 2.12.4 对于域 F 上的型 q,σ 和 φ,我们有:

(i)(交换律):$q \oplus \sigma \underset{F}{\approx} \sigma \oplus q$;$q \otimes \sigma \underset{F}{\approx} \sigma \otimes q$.

(ii)(结合律):$(q \oplus \sigma) \oplus \varphi \underset{F}{\approx} q \oplus (\sigma \oplus \varphi)$;

$(q \otimes \sigma) \otimes \varphi \underset{F}{\approx} q \otimes (\sigma \otimes \varphi)$.

(iii)(分配律):$(q \oplus \sigma) \otimes \varphi \underset{F}{\approx} (q \otimes \varphi) \oplus (\sigma \otimes \varphi)$.

(提示:只需证明符号 $\underset{F}{\approx}$ 两边的型由 $\dot{F}$ 中完全相同的元素组成,而仅仅是它们的排列顺序不同而已.)

命题 2.12.5 设 q, q', σ 和 σ' 都是 F 上的型,且 $q \underset{F}{\approx} q', \sigma \underset{F}{\approx} \sigma'$,则有 $q \oplus \sigma \underset{F}{\approx} q' \oplus \sigma'$ 以及 $q \otimes \sigma \underset{F}{\approx} q' \otimes \sigma'$.

(提示:先证明 $q \oplus \sigma \underset{F}{\approx} q' \oplus \sigma$ 以及 $q \otimes \sigma \underset{F}{\approx} q' \otimes \sigma$.)

下面我们考虑一类特殊的型. Pfister 对这种型作了专门的研究,从而获得许多有趣和有应用价值的结果.

定义 2.12.2 设 $a_1, \cdots, a_n \in \dot{F}$. F 上的型 $\langle 1, a_1 \rangle \otimes \langle 1, a_2 \rangle \otimes \cdots \otimes \langle 1, a_n \rangle$ 称作域 F 上的一个 n 重 Pfister 型. 为论述方便,我们约定 F 上的 0 重 Pfister 型为 $\langle 1 \rangle$.

由定义 2.12.2 得知,2^n 维型 $\langle 1, \cdots, 1 \rangle = \langle 1, 1 \rangle \otimes \cdots \otimes \langle 1, 1 \rangle$ 是 F 上的一个 n 重 Pfister 型. 此外,由张量积的定义,每个 $n(n>0)$ 重 Pfister 型 q 都可写作 $q = \langle 1 \rangle \oplus \varphi$,这里 φ 是个 $2^n - 1$ 维型.

Pfister 型具有引人注目的重要性质,从而这种型在二次型理论中占有重要的地位. 在讨论 Pfister 型的有关性质之前,为书写的方便,有必要再引进一个记号. 设 $q=<a_1,\cdots,a_n>$ 是域 F 上的一个型,$c\in\dot{F}$. 我们规定

$$c\cdot q=<ca_1,\cdots,ca_n>,\text{即 } c\cdot q=<c>\otimes q$$

定理 2.12.1　设 q 是域 F 上的一个 n 重 Pfister 型. 于是对于 $d\in D_F(q)$,有 $q\underset{F}{\approx}d\cdot q$.

证明　对 n 施用归纳法. 当 $n=0$ 时,$q=<1>$. 此时 $d=c^2$,$c\in\dot{F}$. 因此 $d\cdot q=<c^2>\underset{F}{\approx}<1>=q$,即定理在 $n=0$ 时成立. 今设定理对 $n-1$ 重 Psifeter 型已告成立. 现在考察 n 重 Pfister 型 q. 此时,$q=q'\otimes<1,a>$,q'是 F 上的一个 $n-1$ 重 Pfister 型;$a\in\dot{F}$. 设 $d\in D_F(q)$. 由于 $q=q'\otimes(<1>\oplus<a>)\underset{F}{\approx}q'\oplus a\cdot q'$,从而 $d\in D_F(q'\oplus aq')$. 于是有 $b,c\in D_F(q')\cup\{0\}$,使得 $d=b+ac$. 现在分三种情形讨论:

(1) $c=0$. 此时 $d=b\in D_F(q')$. 于是由归纳法的前设,有 $dq=<d>\otimes(q'\otimes<1,a>)\underset{F}{\approx}d\cdot q'\otimes<1,a>\underset{F}{\approx}q'\otimes<1,a>=q$.

(2) $b=0$. 此时 $d=ac$. 按归纳法的所设,有 $d\cdot q=(<a>\otimes<c>)\otimes(q'\otimes<1,a>)\underset{F}{\approx}c\cdot q'\otimes a\cdot<1,a>\underset{F}{\approx}q'\otimes<a,a^2>\underset{F}{\approx}q'\otimes<a,1>\underset{F}{\approx}q'\otimes<1,a>=q$.

(3) $b\neq0$,$c\neq0$. 此时,由归纳法的前设,有 $q\underset{F}{\approx}q'\oplus aq'\underset{F}{\approx}bq'\oplus acq'\underset{F}{\approx}q'\otimes<b,ac>$. 据命题 2.12.3,$<b,ac>\underset{F}{\approx}<d,dabc>$. 从而有

$$\begin{aligned}q&\underset{F}{\approx}q'\otimes<d,dabc>\underset{F}{\approx}d\cdot q'\oplus dabcq'\\&\underset{F}{\approx}d\cdot q'\oplus da\cdot q'\underset{F}{\approx}d(q'\otimes<1,a>)=d\cdot q\end{aligned}$$

因此,在任何情况下,定理都成立.

推论 设 q 是域 F 上的一个 Pfister 型,则 $D_F(q)$ 对于 F 的乘法构成一个群.

证明 由于 $D_F(q)$ 中元素的逆仍属于 $D_F(q)$,因此只需证明 $D_F(q)$ 关于乘法是封闭的. 注意到,对于 F 上的任一型 σ,以及 $c \in \dot{F}$,总有 $D_F(c\sigma) = cD_F(\sigma)$. 这样,对于 $d \in D_F(q)$,$dD_F(q) = D_F(dq) = D_F(q)$,推论即告成立.

定理 2.12.2 设 $q = <1> \oplus \varphi$ 是域 F 上的一个 n 重 Pfister 型,$n > 0$. 若 $b \in D_F(\varphi)$,则 $q \underset{F}{\approx} <1, b> \otimes \sigma$,此处 σ 是 F 上的一个 $n-1$ 重 Pfister 型.

证明 对 n 使用归纳法. 当 $n=1$ 时,$q = <1, a>$. 从而 $\varphi = <a>$. 若 $b \in D_F(\varphi)$,则 $b = ac^2$,其中 $c \in \dot{F}$. 此时,$q = <1, a> \underset{F}{\approx} <1, ac^2> = <1, b>$,即定理在 $n=1$时成立.

今设定理对每个 $n-1$ 重 Pfister 型成立;又设 q 是一个 n 重 Pfister 型. 此时,$q = q' \otimes <1, a>$,q'是 F 上的一个 $n-1$ 重 Pfister 型. 由张量积的定义,$q = q' \otimes <1, a> = q' \oplus aq'$. 令 $q' = <1> \oplus \varphi'$,则 $q = <1> \oplus \varphi' \oplus aq'$,即有 $\varphi = \varphi' \oplus aq'$. 设 $b \in D_F(\varphi)$,则 $b = b' + ac$,其中 $b' \in D_F(\varphi') \cup \{0\}$;$c \in D_F(q') \cup \{0\}$. 同样,现在也分三种情形来讨论:

(1) $c=0$. 此时 $b = b' \in D_F(\varphi')$. 由归纳的所设,存在 F 上的一个 $n-2$ 重 Pfister 型 σ',使得 $q' \underset{F}{\approx} <1, b> \otimes \sigma'$. 从而 $q \underset{F}{\approx} (<1,b> \otimes \sigma') \otimes <1,a> \underset{F}{\approx} <1,b> \otimes (\sigma' \otimes <1,a>)$.

(2) $b'=0$. 此时 $b = ac$. 由定理 2.12.1,$bq' = a(c \cdot q') \underset{F}{\approx} a \cdot q'$. 从而 $q = q' \oplus a \cdot q' \underset{F}{\approx} q' \oplus b \cdot q' \underset{F}{\approx} <1, b> \otimes q'$.

(3)b'与c全不为0. 此时,由归纳前设,$q' \underset{F}{\approx} <1,b'>\otimes\sigma'$,其中$\sigma'$是$F$上的一个$n-2$重Pfister型. 同时由(2)的证明可见,$q\underset{F}{\approx}<1,ac>\otimes q'$. 从而$q\underset{F}{\approx}<1,ac>\otimes<1,b'>\otimes\sigma'\underset{F}{\approx}<1,ac,b',ab'c>\otimes\sigma'$. 由命题2. 12. 3,有$<ac,b'>\underset{F}{\approx}<b,bab'c>$. 于是, $<1,ac,b',ab'c>\underset{F}{\approx}<1,b,bab'c,ab'c>\underset{F}{\approx}<1,b>\otimes<1,ab'c>$. 从而得到$q\underset{F}{\approx}<1,b>\otimes(<1,ab'c>\otimes\sigma')$.

定理的证明即告完成.

最后,我们给出一个将要应用的结果,这个结果与用Pfister型表示元素的平方和有关.

定理 2. 12. 3　若域F上的每个n重Pfister型能表示F中任意两个元素的非零平方和,那么,对于任意自然数m,F上的每个n重Pfister型能表示F中任何m个元素的非零平方和.

证明　当$n=0$时,定理显然成立. 以下设$n>0$,并且对m使用归纳法.

设$q=<1>\oplus\varphi$是F上的一个n重Pfister型. 对于任意$c\in\dot{F}$,由定理的条件有$c^2=c^2+0^2\in D_F(q)$. 从而定理对$m=1$成立. 假定定理在$m=k$时已经成立. 今设$c=a+b^2\neq0$,其中a是F中k个元素的非零平方和;$b\in\dot{F}$. 我们将证明$c\in D_F(q)$. 如果q是迷向的,则由命题2. 12. 2(ii),立即有$c\in D_F(q)$. 因此不妨设q是反迷向的. 由归纳的前设,$a\in D_F(q)$,从而$a=e^2+d$;$d\in D_F(\varphi)\cup\{0\}$. 当$d=0$时,由定理的条件,即有$c=e^2+b^2\in D_F(q)$. 今设$d\neq0$. 此时,由定理2. 12. 2,$q\underset{F}{\approx}<1,d>\otimes\sigma$,其中$\sigma$是$F$上一个$n-1$重Pfister型. 这样,我们有

$$q\oplus(-cq)\underset{F}{\approx}<1,-c>\otimes q\underset{F}{\approx}<1,-c>\otimes<1,d>\otimes\sigma$$

$$\underset{F}{\approx} <1,-c,d,-cd>\otimes\sigma \underset{F}{\approx}(<-c,d>\otimes\sigma)\otimes(<1,-cd>\oplus\sigma)$$

令 $\sigma=<1>\oplus\varphi'$，则有

$$q\oplus(-cq)\underset{F}{\approx}<-c,d>\oplus<-c,d>\otimes\varphi'\otimes$$
$$<1,-cd>\otimes\sigma \qquad (2.12.3)$$

由定理的条件，$e^2+b^2\in D_F(<1,-cd>\otimes\sigma)\cup\{0\}$. 从而有 $\boldsymbol{u}\in F^{(2n)}$，使得 $e^2+b^2=(<1,-cd>\otimes\sigma)(\boldsymbol{u})$. 记 q^* 是(2.12.3)中"$\underset{F}{\approx}$"右端的型，$\boldsymbol{\theta}$ 是向量空间$F^{(2^n-2)}$中的零向量，于是，对于 $F^{(2^n+1)}$ 中的非零向量$\boldsymbol{u}^*=(1,1,\boldsymbol{\theta},\boldsymbol{u})$，有 $q^*(\boldsymbol{u}^*)=-c+d+e^2+b^2=0$. 因此 q^* 是迷向的，从而 $q\oplus(-cq)$ 也是迷向的. 故有非零向量$(\boldsymbol{u},\boldsymbol{v})\in F^{(2^n)}\times F^{(2^n)}$，使得 $q(\boldsymbol{u})-cq(\boldsymbol{v})=0$. 由此，$cq(\boldsymbol{v})=q(\boldsymbol{u})$. 若 $q(\boldsymbol{v})=0$，则 $q(\boldsymbol{u})=0$，由于 q 是反迷向的，从而 $\boldsymbol{u}=\boldsymbol{v}=0$，但这与$(\boldsymbol{u},\boldsymbol{v})\neq 0$ 矛盾. 因此 $q(\boldsymbol{v})\neq 0$. 再由定理 2.12.1 的推论，$c=q(\boldsymbol{u})q(\boldsymbol{v})^{-1}\in D_F(q)$. 至此定理获证.

本节的内容可参看[22]，[30]和[34].

2.13 $p(R(X_1,\cdots,X_n))$的一个下界

在这一节中，我们将给出 $p(R(X_1,\cdots,X_n))$的一个下界. 首先，我们从下面的一个重要结论的证明着手.

命题 2.13.1(Cassels-Pfister) 设 q 是域 F 上的一个型；x 是 F 上的超越元；$p(x)$是 $F[x]$中的一个非零多项式. 若 $p(x)$在域 $F(x)$上能被 q 表示，则 $p(x)$在 $F[x]$上也能被 q 表示.

证明 设 $q=<a_1,\cdots,a_n>$，其中 $a_1,\cdots,a_n\in\dot{F}$. 若 q 在 F 上是迷向的，则有非零向量$(c_1,\cdots,c_n)\in F^{(n)}$，使得 $a_1c_1^2+\cdots+a_nc_n^2=0$. 不妨设 $c_1\neq 0$. 于是有

$$p(x)=a_1\left(\frac{a_1^{-1}p(x)+1}{2}\right)^2-a_1\left(\frac{a_1^{-1}p(x)-1}{2}\right)^2$$

$$=a_1\left(\frac{a_1^{-1}p(x)+1}{2}\right)^2+a_2\left(\frac{a_1^{-1}c_2p(x)-c_2}{2c_1}\right)^2+\cdots+$$

$$a_n\left(\frac{a_1^{-1}c_np(x)-c_n}{2c_1}\right)^2$$

此时结论成立. 以下设 q 在 F 上是反迷向的.

由所给的条件,今有

$$p(x)=a_1\left(\frac{f_1(x)}{f_0(x)}\right)^2+\cdots+a_n\left(\frac{f_1(x)}{f_0(x)}\right)^2 \tag{2.13.1}$$

其中 $f_i(x)\in F[x]$, $i=0,1,\cdots,n$; 且 $f_0(x)\neq 0$,同时它不能整除所有的 $f_1(x),\cdots,f_n(x)$.

此外,我们还可以假定,在所选取的关系式(2.13.1)中,$f_0(x)$的次数 $\deg f_0(x)$ 可能最小的. 我们将证明,$\deg f_0(x)=0$.

假若 $\deg f_0(x)>0$,则由带余除法,有

$$f_i(x)=f_0(x)g_i(x)+r_i(x),\ i=1,\cdots,n$$

其中 $\deg r_i(x)<\deg f_0(x)$ 或者 $r_i(x)=0$, $i=1,\cdots,n$.

令 $\bar f=(f_0,f_1,\cdots,f_n)$, $\bar g=(1,g_1,\cdots,g_n)\in F[x]^{(n+1)}$; 又令 $B(\bar X,\bar Y)=-p(x)X_0Y_0+a_1X_1Y_1+\cdots+a_nX_nY_n$ 是 $F[x]$ 上的双线性型. 由(2.13.1),有 $B(\bar f,\bar f)=0$.

令 $\bar h=(h_0,h_1,\cdots,h_n)=B(\bar g,\bar g)\bar f-2B(\bar f,\bar g)\bar g\in F[X]^{(n+1)}$,则 $B(\bar h,\bar h)=-4B(\bar g,\bar g)B(\bar f,\bar g)^2+4B(\bar g,\bar g)B(\bar f,\bar g)^2=0$,此即 $-p(x)h_0^2+a_1h_1^2+\cdots+a_nh_n^2=0$. 从而

$$p(x)=a_1\left(\frac{h_1}{h_0}\right)^2+a_2\left(\frac{h_2}{h_0}\right)^2+\cdots+a_n\left(\frac{h_n}{h_0}\right)^2 \tag{2.13.2}$$

此时

$$\begin{aligned} f_0h_0 &= B(\bar{g},\bar{g})f_0^2 - 2B(\bar{f},\bar{g})f_0 \\ &= (-p(x) + \sum_{i=1}^{n} a_i g_i^2)f_0^2 - \\ &\quad 2(-p(x)f_0 + \sum_{i=1}^{n} a_i f_i g_i)f_0 \\ &= p(x)f_0^2 + \sum_{i=1}^{n} a_i(f_0^2 g_i^2 - 2f_0 f_i g_i) \\ &= \sum_{i=1}^{n} a_i f_i^2 + \sum_{i=1}^{n} a_i(f_0^2 g_i^2 - 2f_0 f_i g_i) \\ &= \sum_{i=1}^{n} a_i(f_i - f_0 g_i)^2 = \sum_{i=1}^{n} a_i r_i^2 \end{aligned}$$

由于 $r_i(x),\cdots,r_n(x)$ 不全为 0,从而可设 d 为其中非零多项式的次数中之最大者. 再设 $r_i(x)$ 的 d 次项系数为 $b_i, i=1,\cdots,n$,则 $b_1,\cdots,b_n$ 不全为 0. 由于 q 在 F 上是反迷向的,从而 $\sum_{i=1}^{n} a_i r_i(x)^2$ 的 $2d$ 次项系数 $\sum_{i=1}^{n} a_i b_i^2 \neq 0$. 于是 $f_0 h_0 \neq 0$,并且 $\deg f_0 + \deg h_0 = 2d$. 再由于 $d < \deg f_0(x)$,从而 $\deg h_0(x) = 2d - \deg f_0(x) < d < \deg f_0(x)$. 这与(2.13.1)的取法相矛盾. 因此,在(2.13.1)中应有 $\deg f_0(x) = 0$.

应用上面的结果,我们可证明如下的:

命题 2.13.2 设 $q = \langle a_1,\cdots,a_n \rangle$ 是域 F 上的一个反迷向型,$n \geqslant 2$;又设 $r = \langle a_2,\cdots,a_n \rangle$,以及 $d \in \dot{F}$. 于是,$d \in D_F(r)$,当且仅当 $d + a_1 x^2 \in D_{F(x)}(q)$,其中 x 是 F 上的未定元.

证明 "⇒":设 $d \in D_F(r)$. 由命题 2.12.1,知 $r \underset{F}{\approx} \langle d \rangle \oplus r'$,此处 r' 是 F 上的一个 $n-2$ 维型. 于是,$q \underset{F}{\approx} \langle a_1, d \rangle \oplus r'$;从而 $d + a_1 x^2 \in D_{F(x)}(\langle a_1, d \rangle \oplus r') =$

$D_{F(x)}(q)$.

"$\Leftarrow$":设 $d+a_1x^2\in D_{F(x)}(q)$. 由命题2.13.1有

$$d+a_1x^2=a_1f_1(x)^2+a_2f_2(x)^2+\cdots+a_nf_n(x)^2 \tag{2.13.3}$$

其中 $f_1(x),\cdots,f_n(x)\in F[X]$.

设 d 是 $f_1(x),\cdots,f_n(x)$ 中的非零多项式的最高次数. 由于 q 在 F 上是反迷向的,从而由前命题的证明中的最后部分,类似地可证明(2.13.3)的等号右端的多项式的次数为 $2d$. 于是 $2d=2$,从而 $d=1$. 从而可记 $f_1(x)=ax+b$,其中 $a,b\in F$. 令 $c=\dfrac{b}{1-a}$,当 $a\neq 1$;或 $c=-\dfrac{b}{1+a}$,当 $a=1$. 这样,$ac+b=\pm c$. 将 $x=c$ 代入(2.13.3),则有

$$d+a_1c^2=a_1(\pm c)^2+\sum_{i=2}^{n}a_i(f_i(c))^2$$

因此 $d=\sum\limits_{i=2}^{n}a_i(f_i(c))^2\in D_F(r)$.

推论2.13.1　设 F 是一个域,-1 不是 F 中 $n-1$ 个元素的平方和;又设 x 是 F 上的一个未定元. 若 $d\in \dot{F}$,并且 $d+x^2$ 是 $F(x)$ 中 n 个元素的平方和,则 d 是 F 中 $n-1$ 个元素的平方和.

证明　按所设,n 维型 $q=\langle 1,1,\cdots,1\rangle$ 在 F 上是反迷向的. 由于 $d+x^2\in D_{F(x)}(q)$,故由命题2.13.2可知 d 在 F 上能被 $n-1$ 维型 $\langle 1,\cdots,1\rangle$ 表示.

从上面的推论,我们容易证明以下的:

推论2.13.2　设 F 如推论2.13.1;又设 $x_1,\cdots,x_n$ 是 F 上的未定元. 于是 $1+x_1^2+\cdots+x_n^2$ 不可能是 $F(x_1,\cdots,x_n)$ 中 n 个元素的平方和.

证明　只需用归纳法证明:当 $1\leqslant k\leqslant n$ 时,$1+$

$x_1^2+\cdots+x_k^2$ 不是 $F(x_1,\cdots,x_k)$ 中 k 个元素的平方和.
首先,$1+x_1^2$ 显然不是 $F(x_1)$ 中一个元素的平方,即结论在 $k=1$ 时成立. 今假定 $1+x_1^2+\cdots+x_{k-1}^2$ 不是 $F(x_1,\cdots,x_{k-1})$ 中 $k-1$ 个元素的平方和,其中 $1\leqslant k-1\leqslant n-1$,此时 $k\leqslant n$. 由于 -1 不是 F 中 $n-1$ 个元素的平方和,从而 -1 也不是 $F(x_1,\cdots,x_{k-1})$ 中 $n-1$ 个元素的平方和,当然更不是 $k-1$ 个元素的平方和. 于是由推论 2.13.1的逆否形式,$1+x_1^2+\cdots+x_k^2$ 不是 $F(x_1,\cdots,x_{k-1},x_k)$ 中 k 个元素的平方和. 至此归纳法即告完成.

由于任何一个实域都满足推论 2.13.2 的条件,从而我们立即得到:

定理 设 R 是一个实闭域,则有

$$n+1\leqslant p(R(X_1,\cdots,X_n))$$

本节的主要结果是 Casselo 获得的,见[7];本节的内容主要取自[22]和[34].

2.14 $p(R(X_1,\cdots,X_n))$的一个上界

在本节中,我们将给出 $p(R(X_1,\cdots,X_n))$ 的一个上界. 这个上界是 Pfister 在 1967 年得到的,其主要途径是示明定理 2.12.3 适用于有理函数域 $R(X_1,\cdots,X_n)$. 为此目的,我们需要域论中一个重要的定理,这个定理是由我国代数学家曾炯之在 1936 年首次获得的,其后,S. Lang 在 1951 年再次发现这一结果. 为证明这个定理,我们先给出一些预备知识.

首先,我们来证明一条引理,它是希尔伯特零点定理的一个等价形式.

引理 2.14.1(**Zariski**) 设 F 是一个域;$t_1,\cdots,t_n$ 是 F 的一个扩环中的元素. 若扩环 $B=F[t_1,\cdots,t_n]$ 是

一个域,则 B 是 F 上的有限扩张.

证明　对 n 使用归纳法. 当 $n=1$ 时,结论显然成立. 今假定结论在 $n=k-1(k>1)$ 时成立,我们来看 $n=k$的情形. 由于 B 是一个域,从而有 $B=F(t_k)\cdot[t_1,\cdots,t_{k-1}]$,此处 $F(t_k)$ 是 B 的一个子域. 由归纳假设,B 是域 $F(t_k)$ 的有限扩张. 若能证明 $F(t_k)$ 是 F 的有限扩张,则 B 也是 F 的有限扩张,从而引理成立. 今假设 $F(t_k)$ 不是 F 的有限扩张,从而 t_k 是 F 上的超越元.

由于 $t_i(1\leqslant i\leqslant k-1)$ 是 $F(t_k)$ 上的代数元,故满足如下的关系

$$u_{i0}t_i^{d_i}+u_{i1}t_i^{d_i-1}+\cdots+u_{id_i}=0,i=1,\cdots,k-1$$

其中 d_i 为正整数;$u_{ij_i}\in F[t_k]$,$u_{i0}\neq 0$,$j_i=0,1,\cdots,d_i$.

令 $g=\prod_{i=1}^{k-1}u_{i0}$;$y_i=t_ig$,$i=1,\cdots,k-1$. 从上面的等式可得

$$y_i^{d_i}+g_{i1}y^{d_i-1}+\cdots+g_{id_i}=0,i=1,\cdots,k-1$$

其中 $g_{ij_i}=u_{ij_i}\cdot g^{j_i}u_{i0}^{-1}\in F[t_k]$,$j_i=1,\cdots,d_i$. 从而有

$$y_i^{d_i}=-g_{i1}y^{d_i-1}-\cdots-g_{id_i},i=1,\cdots,k-1 \tag{2.14.1}$$

一方面,由于 B 是一个域,故有 $B=F[t_k,g^{-1}]\cdot[y_1,\cdots,y_{k-1}]$,即 B 中每个元素可表为系数在 $F[t_k,g^{-1}]$中含 $y_1,\cdots,y_{k-1}$的多项式. 另一方面,通过(2.14.1),可以把多项式中含 y_i 的幂次降低到小于 d_i,$i=1,\cdots,k-1$. 因此,B 中每个元素实际上是系数在 $F[t_k,g^{-1}]$中,由单项式 $y_1^{j_1}\cdots y_{k-1}^{j_{k-1}}$所表出的一个线性组合,此处 $0\leqslant j_i\leqslant d_i-1$,$i=1,\cdots,k-1$,现在把这些单项式 $y_1^{j_1}\cdots y_{k-1}^{j_{k-1}}$编号排列如 $\pi_1,\cdots,\pi_s$,此处 $s=\prod_{i=1}^{k-1}d_i$.

任取 B 关于 $F(t_k)$ 的一个基 $\alpha_1,\cdots,\alpha_m$,于是有如

下的表达式

$$\pi_j = v_{j1}w_{j1}^{-1}\alpha_1 + \cdots + v_{jm}w_{jm}^{-1}\alpha_m, j = 1, \cdots, s$$

其中 $v_{jl}w_{jl} \in F[t_k], j=1,\cdots,s, l=1,\cdots,m.$

令 h 是所有这些 w_{jl} 的乘积，且 $\beta_l = h^{-1}\alpha_l, l = 1,\cdots,m.$ 于是上面的线性表示可化为

$$\pi_j = h_{j1}\beta_1 + \cdots + h_{jm}\beta_m \qquad (2.14.2)$$

其中 $h_{jl} = v_{jl}w_{jl}^{-1}h \in F[t_k], j=1,\cdots,s, l=1,\cdots,m.$

由(2. 14. 2)可知，B 中每个元素实际上又是 $\beta_1,\cdots,\beta_m$ 在 $F[t_k, g^{-1}]$上的一个线性组合，因为 $\beta_1,\cdots,\beta_m$ 也是 B 关于 $F(t_k)$ 的一个基，所以这种线性组合的表示法是唯一的. 据此，我们有

$$1 = e_1\beta_1 + \cdots + e_m\beta_m$$

其中 $e_1,\cdots,e_m \in F[t_k, g^{-1}].$

显然，$e_1,\cdots,e_m$ 不全为 0，不妨设 $e_1 \neq 0$. 于是又有

$$e_1^{-1}(1+g)^{-1} = f_1\beta_1 + \cdots + f_m\beta_m$$

其中 $f_1,\cdots,f_m \in F[t_k, g^{-1}]$. 从而又有

$$1 = e_1f_1(1+g)\beta_1 + \cdots + e_1f_m(1+g)\beta_m$$

注意到 $e_1f_1(1+g) \in F[t_k, g^{-1}]$，从而由表达式的唯一性，有 $e_1 = e_1f_1(1+g)$. 因此，$(1+g)^{-1} = f_1 \in F[t_k, g^{-1}]$. 这是不可能的，故 t_k 应是 F 上的代数元.

由上面的引理，很容易证明代数几何中最基本的一条定理——希尔伯特零点定理：

命题 2. 14. 1(希尔伯特零点定理) 设 F 是任意域，Ω 是它的代数闭包，$f_1,\cdots,f_r, g \in F[X_1,\cdots,X_n]$. 若对于任何 $(a_1,\cdots,a_n) \in \Omega^{(n)}$，只要 $f_1(a_1,\cdots,a_n) = f_2(a_1,\cdots,a_n) = \cdots = f_r(a_1,\cdots,a_n) = 0$，总有 $g(a_1,\cdots,a_n) = 0$，则对于某个自然数 k，有 $g^h \in (f_1,\cdots,f_r)$，此处 $(f_1,\cdots,f_r)$ 是 $f_1,\cdots,f_r$ 在多项式环 $F[X_1,\cdots,X_n]$ 中生成的理想.

证明 用反证法. 假若对于每个自然数 m,总有 $g^m \notin (f_1,\cdots,f_r)$. 令 $A=F[X_1,\cdots,X_n,g^{-1}]$;$I=\{hg^{-m} \mid h\in(f_1,\cdots,f_r), m\in\mathbf{N}\}$. 易知,$I$ 是包含$(f_1,\cdots,f_r)$的 A 中一理想,且 $1\notin I$. 按 Zorn 引理,A 有一个包含 I 的极大理想 M. 于是,$A/M=F[\bar{X}_1,\cdots,\bar{X}_n,\bar{g}^{-1}]$是一个域,其中 $\bar{y}$ 表示 A 中元素 y 在 A/M 中的象. 由引理 2.14.1,A/M 是 F 的代数扩张,按代数闭包的唯一性,可以认定 $A/M\subseteq\Omega$. 此时$(\bar{X}_1,\cdots,\bar{X}_n)\in\Omega^{(n)}$,使得 $f_i(\bar{X}_1,\cdots,\bar{X}_n)=\overline{f_i(X_1,\cdots,X_n)}=0$, $i=1,\cdots,r$. 然而 $g(\bar{X}_1,\cdots,\bar{X}_n)\cdot\overline{g^{-1}}=\bar{g}\cdot\bar{g}^{-1}=\bar{1}$,即有 $g(\bar{X}_1,\cdots,\bar{X}_n)\neq0$,这与所设矛盾.

引理 2.14.2 设 F 是一个代数闭域;$f_1,\cdots,f_r$ 是 $F[X_1,\cdots,X_n]$中的齐次多项式. 若 $n>r$,则方程组 $f_1=\cdots=f_r=0$ 在 F 中有异于$(0,\cdots,0)$的解.

证明 用反证法. 假设结论不成立,即 $f_1=\cdots=f_r=0$只有零解$(0,\cdots,0)$. 由命题 2.14.1,对于每个 $i(1\leqslant i\leqslant n)$,存在一个自然数 k_i,使得有 $X_i^{k_i}\in(f_1,\cdots,f_r)$.

取 $k=\max\limits_{1\leqslant i\leqslant n}\{k_i\}$,显然有 $X_i^k\in(f_1,\cdots,f_r)$,$i=1,\cdots,n$. 从而有

$$X_i^k=g_{i1}f_1+\cdots+g_{ir}f_r,i=1,\cdots,n \tag{2.14.3}$$

其中 $g_{ij}\in F[X_1,\cdots,X_n]$,$i=1,\cdots,n$;$j=1,\cdots,r$.

比较(2.14.3)两边的 k 次部分,从而可假定多项式 g_{ij}都是齐次的. 于是当 $g_{ij}\neq0$ 时,其次数 $\deg g_{ij}<k$.

据此,可以断言:每个单项式都可以在域 $K=F(f_1,\cdots,f_r)$上由次数不超过 $n(k-1)+1$ 的系数为 1 的单项式线性表示. 事实上,对于每个 n 元单项式 π, $\pi=c(c^{-1}\pi)$,其中 c 为 π 的系数. 显然,$c\in K$,$c^{-1}\pi$ 是

系数为 1 的单项式. 从而我们可以选取如下的表达式

$$\pi = h_1G_1 + \cdots + h_sG_s \tag{2.14.4}$$

其中 $h_j \in K$, G_j 是系数为 1 的单项式, $j=1,\cdots,s$, 同时使得(2.14.4)中 G_j 的次数尽可能小. 我们可以断定, $\deg G_j < n(k-1)+1$, $j=1,\cdots,s$. 因若不然, 不妨设 $\deg G_1 \geqslant n(k-1)+1$. 于是对某个 $l(1\leqslant l\leqslant n)$, 有 $G_1 = X_l^kG_l'$. 从而由(2.14.3), 有

$$\begin{aligned}\pi &= (g_{l1}f_1+\cdots+g_{lr}f_r)G_1'h_1+h_2G_2+\cdots+h_sG_s\\ &=(f_1h_1)(g_{l1}G_1')+\cdots+(f_rh_1)(g_{lr}G_1')+\\ &\quad h_2G_2+\cdots+h_sG_s\end{aligned}$$

其中 $f_jh_1 \in K$, $j=1,\cdots,r$. 此时 $\deg(g_{ij}G_1') < \deg G_1$, $j=1,\cdots,r$. 展开诸 $g_{ij}G'_1$, 我们将得到一个形式如(2.14.4)的表达式, 其中单项式的次数更低, 这与(2.14.4)的取法相矛盾.

这样, $K[X_1,\cdots,X_n]$ 作为 K 上的向量空间是有限维的, 从而 $X_1,\cdots,X_n$ 都是 K 上的代数元. 由于 $F(X_1,\cdots,X_n)=K(X_1,\cdots,X_n)$, 故 $F(X_1,\cdots,X_n)$ 关于 F 的超越次数等于 K, 关于 F 的超越次数小于或等于 r, 这是不可能的, 引理即已证明.

现在, 我们给出下面的定义:

定义 2.14.1　设 i 是一个非负实数. 一个域 F 称为一个 C_i - 域, 如果对于任何自然数 d, 每个 F 上次数为 d, 而未定元个数多于 d^i 的齐次多项式, 在 F 中有非零解.

由引理 2.14.2 知, 任何代数闭域都是 C_0 - 域. 实际上, 我们有:

命题 2.14.2　一个域 F 成为 C_0 - 域, 当且仅当 F 是代数闭域.

证明　只需证明必要性. 设 F 是一个 C_0 - 域; 且 $f(x)=X^d+a_1X^{d-1}+\cdots+a_d$ 为 F 上的多项式, $d\geqslant 1$. 由

于 $2>d^0$，从而齐次多项式 $g(X,Y)=X^d+a_1X^{d-1}Y+\cdots+a_dY^d$ 在 F 中有非零解 (α,β). 此时应有 $\beta\neq 0$（否则，有 $\alpha=0$）. 从而 $f(X)=0$ 在 F 中有解 $\alpha\beta^{-1}$，即 F 是代数闭域.

定义 2.14.2　设 i 是一个非负整数，域 F 上的一个齐次多项式称作是 F 上的一个 i **级范式**，如果它的次数 $d>1$，含有 d^i 个未定元；而且，这个齐次式只有零解.

设 F 是一个任意域，则对于自然数 $d>1$，X^d 就是 F 上的 0 级范式.

引理 2.14.3　设域 F 上有一个 i 级范式，则域 $F(t)$ 上有一个 $i+1$ 级范式，这里 t 是 F 上的未定元.

证明　设 $N(X_1,\cdots,X_{d^i})$ 是 F 上一个次数为 d 的 i 级范式. 现在来证明，下面的多项式

$$N^*=N(X_1,\cdots,X_{d^i})+N(X_{d^i+1},\cdots,X_{2d^i})t+\cdots+N(X_{(d-1)d^i+1},\cdots,X_{d^{i+1}})t^{d-1}$$

是 $F(t)$ 上的一个 $i+1$ 级范式.

首先，N^* 是次数为 d，并且含 d^{i+1} 个未定元的 $F(t)$ 上的齐次式，其次，假若 $N^*=0$ 在 $F(t)$ 中有一个非零解 $(a_1,\cdots,a_{d^{i+1}})$. 由于 N^* 是齐次的，从而可进一步假定 $a_j\in F[t]$，$j=1,\cdots,d^{i+1}$，且并非每个 a_j 都能被 t 整除，设 a_k 是不能被 t 整除的 a_i 中下标最小的一个，而且 $sd^i+1\leqslant k\leqslant(s+1)d^i$ $(0\leqslant s\leqslant d-1)$. 由于 $N^*(a_1,\cdots,a_{d^{i+1}})=0$，有 $N(a_1,\cdots,a_{d^i})+\cdots+N(a_{(s-1)d^i+1},\cdots,a_{sd^i})t^{s-1}\equiv 0\pmod{t^d}$ 和 $N(a_{(s+1)d^i+1},\cdots,a_{(s+2)d^i})\cdot t^{s+1}+\cdots+N(a_{(d-1)d^i+1},\cdots,a_{d^{i+1}})t^{d-1}\equiv 0\pmod{t^{s+1}}$

从而

$$N(a_{sd^i+1},\cdots,a_{(s+1)d^i})t^s\equiv 0\pmod{t^{s+1}}$$

于是

$$N(a_{sd^i+1},\cdots,a_{(s+1)d^i})\equiv 0\pmod{t}$$

因而有 $N(b_{sd^i+1},\cdots,b_{(s+1)d^i})=0$,其中 $b_j=a_j(0)\in F$,$sd^i+1\leqslant j\leqslant(s+1)d^i$. 注意到 $b_k=a_k(0)\neq0$,从而范式 N 在 F 中有非零解,矛盾! 这就证明了 N^* 是 $F(t)$ 上的一个 $i+1$ 级范式.

若 $N(X_1,\cdots,X_{d^i})$ 是域 F 上的一个次数为 d 的 i 级范式,则容易验证

$$N(N(X_1,\cdots,X_{d^i}),N(X_{d^i+1},\cdots,X_{2d^i}),\cdots,N(X_{d^{2i}-d^i+1},\cdots,X_{d^{2i}}))$$

是 F 上一个次数为 d^2 的 i 级范式. 由于 $d>1$,从而 $d^2>d$. 如此进行下去,我们可得到 F 上一个具有充分大次数的 i 级范式. 此一重要事实将在下面得到应用.

引理 2.14.4 设 F 是一个 C_i-域,且 F 上有一个 i 级范式;又设 $f_1,\cdots,f_r$ 是 F 上 r 个次数为 d 的,含未定元 $X_1,\cdots,X_n$ 的齐次多项式. 若 $n>rd^i$,则 $f_1=\cdots=f_r=0$ 在 F 中有非零解.

证明 先考虑 $i=0$ 的情形. 由命题 2.14.2,知 F 是代数闭域. 由条件,有 $n>rd^i=r$,从而由引理 2.14.2 即得结论. 以下设 $i>0$.

注意到 $n-rd^i>0$,由前面的事实,F 上有一个次数充分大的 i 级范式 N,其次数已满足 $e^i>\frac{rd^i}{n-rd^i}r+r$.
再设 $e^i=rs+t,0\leqslant t<r$. 于是有 $rs+r>rs+t=e^i>\frac{rd^i}{n-rd^i}r+r$,由此有 $s>\frac{rd^i}{n-rd^i}$. 从而可得,$ns>rsd^i+rd^i>rsd^i+td^i=e^id^i=(ed)^i$.

现在考察 F 上的齐次式

$$\begin{aligned}G=N(&f_1(X_1,\cdots,X_n),\cdots,f_r(X_1,\cdots,X_n),\\&f_1(X_{n+1},\cdots,X_{2n}),\cdots,f_r(X_{n+1},\cdots,X_{2n}),\cdots,\\&f_1(X_{(s-1)n+1},\cdots,X_{sn}),\cdots,\\&f_r(X_{(s-1)n+1},\cdots,X_{sn}),0,\cdots,0)\end{aligned}$$

显然,G 的次数是 ed,且含有 ns 个未定元. 由于 F 是一个 C_i - 域,且 $ns > (ed)^i$,从而 $G=0$ 在 F 中有一个非零解$(a_1,\cdots,a_{sn})$. 因为 N 是一个范式,从而有

$$f_j(a_{(k-1)n+1},\cdots,a_{kn}) = 0, j = 1,\cdots,r; k = 1,\cdots,s$$

若某个 $a_l \neq 0$, $(k_0-1)n+1 \leqslant l \leqslant k_0 n$,则 $f_1 = \cdots = f_r = 0$ 在 F 中有非零解$(a_{(k_0-1)n+1},\cdots,a_{k_0 n})$.

引理 2.14.5　设 F 是一个 C_i - 域,且 F 上有一个 i 级范式,则 $F(t)$ 是一个 C_{i+1} - 域,此处 t 是 F 上的未定元.

证明　设 $f(X_1,\cdots,X_n)$ 是域 $F(t)$ 上的一个次数为 d 的齐次多项式,其中 $n > d^{i+1}$. 我们要证明,齐次方程 $f=0$ 在 $F(t)$ 中有非零解.

不失一般性,可以假定 f 的系数是含 t 的多项式,令 r 是 f 关于 t 的次数. 由于 $\lim\limits_{s\to\infty}\dfrac{sd+r+1}{s+1} = d < \dfrac{n}{d^i}$,从而有充分大的自然数 s,使得 $\dfrac{sd+r+1}{s+1} < \dfrac{n}{d^i}$. 从而有 $n(s+1) > (sd+r+1)d^i$.

令 $X_j = x_{j0} + x_{j1}t + \cdots + x_{js}t^s$, $j=1,\cdots,n$. 其中 x_{jk} $(1 \leqslant j \leqslant n, 0 \leqslant k \leqslant s)$是 $n(s+1)$ 个互不相同的未定元. 从而有

$$f(X_1,\cdots,X_n) = f_0 + f_1 t + \cdots + f_{sd+r}t^{sd+r}$$

其中 $f_0,\cdots,f_{sd+r}$ 是 F 上含 $n(s+1)$ 个未定元 x_{jk},且次数为 d 的齐次多项式.

由引理 2.14.4, $f_0,\cdots,f_{sd+r}$ 在 F 中有一个非零的公共零点$(a_{10},\cdots,a_{1s},\cdots,a_{n0},\cdots,a_{ns})$. 于是 $f=0$ 在 $F(t)$ 中有非零解$(b_1,\cdots,b_n)$,其中 $b_j = a_{j_0} + a_{j_1}t + \cdots + a_{js}t^s$, $j=1,\cdots,n$.

现在可以证明下面的:

定理 2.14.1　设 F 是一个代数闭域; $X_1,\cdots,X_n$

是 F 上的未定元，则 $F(X_1,\cdots,X_n)$ 是一个 C_n - 域，并且有一个 n 级范式.

证明 对 n 用归纳法. 由命题 2. 14. 2 以及前面的讨论，F 是一个 C_0 - 域，而且有一个 0 级范式，故定理在 $n=0$ 时成立. 今设 $n\geqslant 1$，并且定理对 $n-1$ 已告成立. 由引理 2. 14. 5 和引理 2. 14. 3，$F(X_1,\cdots,X_{n-1},X_n)$ 是一个 C_n - 域，并且有一个 n 级范式.

由上面的定理，我们立即可以得到一个有用的结果.

推论 设 F 是代数闭域，则 $F(X_1,\cdots,X_n)$ 上每个维数大于 2^n 的型都是迷向的.

现在我们可以用这个推论来证明 Pfister 所得到的结果：

定理 2. 14. 2(**Pfister**) 设 R 是一个实闭域，则有理函数域 $R(X_1,\cdots,X_n)$ 中任意多个元素的平方和都可表为 2^n 个平方之和.

证明 由定理 2. 12. 3，我们只需证明 $F=R(X_1,\cdots,X_n)$ 上每个 n 重 Pfister 型能够表出 F 中任意两个元素的非零平方和，从而 n 重 Pfister 型 $\langle 1,\cdots,1\rangle$（其维数为 2^n）可表示 F 中任意多个元素的非零平方和. 这样就证明了定理.

设 q 是 F 上的一个 n 重 Pfister 型；$b=b_1^2+b_2^2\neq 0$，其中 $b_1,b_2\in F$. 不失一般性，可设 $b_2\neq 0$. 若 q 在 F 上是迷向的，则由命题 2. 12. 2(ii)，$b\in D_F(q)$. 以下设 q 在 F 上是反迷向的. 令 $C=R(\sqrt{-1})$，则 C 是代数闭域. 再令 $K=C(X_1,\cdots,X_n)$，易知 $K=F(\eta)$，其中 $\eta=b_1+b_2\sqrt{-1}$.

我们将证明，q 在 K 上是泛的，即 $D_K(q)=\dot{K}$. 由命题 2. 12. 2(ii)，可以设 q 在 K 上是反迷向的. 设 $d\in\dot{K}$.

由上面的推论,型 $q\oplus\langle -d\rangle$ 在 K 上是迷向的. 从而,对某个非零向量 $(\boldsymbol{\alpha},a)\in K^{(2n)}\times K$,有 $q(\boldsymbol{\alpha})-da^2=0$. 若 $a=0$,则 $\boldsymbol{\alpha}$ 必为 $K^{(2n)}$ 中的非零向量,且 $q(\boldsymbol{\alpha})=0$,即 q 在 K 上是迷向的,矛盾. 因此 $a\neq 0$,从而 $d=a^{-2}q(\boldsymbol{\alpha})=q(a^{-1}\boldsymbol{\alpha})\in D_K(q)$.

于是,对于某个非零向量 $\boldsymbol{\beta}\in K^{(2n)}$, $\eta=q(\boldsymbol{\beta})$. 记 $\boldsymbol{\beta}=\boldsymbol{u}+\eta\boldsymbol{v}$, $\boldsymbol{u},\boldsymbol{v}\in f^{(2n)}$. 从而有 $\eta=q(\boldsymbol{u}+\eta\boldsymbol{v},\boldsymbol{u}+\eta\boldsymbol{v})=q(\boldsymbol{u})+2\eta q(\boldsymbol{u},\boldsymbol{v})+\eta^2 q(\boldsymbol{v})$. 注意到 $\eta^2-2b_1\eta+b=0$. 于是 $\eta=q(\boldsymbol{u})+2\eta q(\boldsymbol{u},\boldsymbol{v})+2b_1\eta q(\boldsymbol{v})-bq(\boldsymbol{v})=(q(\boldsymbol{u})-bq(\boldsymbol{v}))+(2q(\boldsymbol{u},\boldsymbol{v})+2b_1q(\boldsymbol{v}))\eta$. 由于 $1,\eta$ 在域 F 上是线性无关的,故 $q(\boldsymbol{u})-bq(\boldsymbol{v})=0$,即 $bq(\boldsymbol{v})=q(\boldsymbol{u})$. 若 $q(\boldsymbol{v})=0$,则 $q(\boldsymbol{u})=0$. 又因 q 在 F 上是反迷向的,从而 $\boldsymbol{u}=\boldsymbol{v}=0$. 于是 $\boldsymbol{\beta}=\boldsymbol{0}$,矛盾. 因此 $q(\boldsymbol{v})\neq 0$. 再由定理 2.11.2 的推论,有 $b=q(\boldsymbol{u})q(\boldsymbol{v})^{-1}\in D_F(q)$. 定理即告得证.

结合 2.13 节中的定理和定理 2.14.2,立即得到:

定理 2.14.3　对于任何实闭域 R,有

$$n+1\leqslant p(R(X_1,\cdots,X_n))\leqslant 2^n$$

其中 $X_1,\cdots,X_n$ 是 R 上的未定元.

必须指出,定理 2.14.3 仅仅给出数 $p(R(X_1,\cdots,X_n))$ 的一个取值范围. 对于任意一个自然数 n,人们至今不能给出一个表达式来确定 $p(R(X_1,\cdots,X_n))$ 的精确值,即使在 $R=\mathbf{R}$ 的情况下,甚至对于一些具体的自然数 n,计算 $p(R(X_1,\cdots,X_n))$ 也绝不是一件易事.

希尔伯特零点定理是代数几何中一条非常基本的定理. 它有近百年的历史(1893)和许多等价的形式,读者可从代数几何方面的书籍中见到. 本节的引理 2.14.1就是该定理的一个等价形式,它是 Zariski 于 1947 年获得的. 读者不难从命题 2.14.1 证得这个结论.

有关 C_i – 域的内容主要取自[25]. 曾炯之在[39]中所引进的概念与[25]中的条件 C_i 稍有差异. 关于这方面的讨论可参看[49].

定理 2. 14. 2 取自[31]和[34].

Dubois 反例的一个证明

附录一

在本附录中，我们不用赋值的方法，直接来证明在2.9节的开始部分所提到的反例.

今假设由(2.9.1)所给出的多项式

$$f(X) = (X^3 - t)^2 - t^3$$

在 F 上不是半正定的，于是对于某个 $\alpha \in F$，有 $f(\alpha) = (\alpha^3 - t)^2 - t^3 \underset{F^2}{<} 0$. 从而

$$(\alpha^3 - t)^2 \underset{F^2}{<} t^3 \underset{F^2}{<} \frac{1}{4}t^2$$

由此又有

$$\frac{1}{8}t \underset{F^2}{<} \frac{1}{2}t \underset{F^2}{<} \alpha^3 \underset{F^2}{<} \frac{3}{2}t \underset{F^2}{<} 8t$$

经过开立方，又可得到

$$\frac{1}{2}t^{\frac{1}{3}} \underset{F^2}{<} \alpha \underset{F^2}{<} 2t^{\frac{1}{3}}$$

由于 F 是由 E 经开平方运算而得到的子扩张，故存在有限个 F 的子域 $F_1, \cdots, F_m$，使得

$$\alpha \in F_m \supset F_{m-1} \supset \cdots \supset F_1 \supset F_0 = E$$

其中 F_i 是 F_{i-1} 的平方根扩张，即 $F_i = F_{i-1}(\sqrt{\alpha_i})$，$\alpha_i$ 为 F_{i-1} 中元素，$i = 1, \cdots, m$.

为了叙述上的方便，我们称 R 的子域 K 满足条件(#)，如果下述条件成立：

存在 $q_1 \cdot q_2 \in \mathbf{Q}^+ = S$,以及 $u \in K$,使得 $q_1 t^{\frac{1}{3}} \underset{R^2}{<} u \underset{R^2}{<} q_2 t^{\frac{1}{3}}$ 成立.

否则,就称 K 不满足(#).

从上面的事实得知,F_m 满足(#),但 $F_0(=E)$ 不满足(#). 因若 $\frac{h(t)}{g(t)} \in E$,且对于某个 $q_1 \in \mathbf{Q}^+$,有 $\frac{h(t)}{g(t)} \underset{F^2}{>} q_1 t^{\frac{1}{3}}$,则

$$(h(t))^3(g(t))^3 - q_1^3 t(g(t))^6 \underset{F^2}{>} 0$$

从而多项式 $(h(t))^3(g(t))^3 - q_1^3 t(q(t))^6$ 的最低次项的系数为正. 注意到 $(h(t))^3(g(t))^3$ 与 $q_1^3 t(g(t))^6$ 不可能有相同的最低次项,并且 $-q_1^3(g(t))^6$ 的最低次项的系数为负. 因此,$(h(t))^3(g(t))^3$ 的最低次项必较 $-q_1^3 t(g(t))^6$ 的最低次项低. 这表明了对于任何 $q \in \mathbf{Q}^+$,$(h(t))^3(g(t))^3 - q_1^3 t(g(t))^6$ 与 $(h(t))^3 \cdot (g(t))^3 - q^3 t(g(t))^6$ 有相同的最低次项. 因此

$$(h(t))^3(g(t))^3 - q^3 t(g(t))^6 \underset{F^2}{>} 0$$

即 $\frac{h(t)}{g(t)} \underset{F^2}{>} q t^{\frac{1}{3}}$.

因此,可以选出整数 $k, 1 \leqslant k \leqslant m$,使得 F_k 满足(#),但 F_{k-1} 不满足(#). 从而有 $q_1, q_2 \in \mathbf{Q}^+$,以及 $a, b \in F_{k-1}$,使得

$$q_1 t^{\frac{1}{3}} \underset{F^2}{<} a + b\sqrt{\alpha_k} \underset{F^2}{<} q_2 t^{\frac{1}{3}}$$

由于 F_{k-1} 不满足(#),故 $b \neq 0$. 现在来讨论下面两种可能情形:

(1) $ab \underset{F^2}{\geqslant} 0$. 此时应有 $a \underset{F^2}{\geqslant} 0, b \underset{F^2}{\geqslant} 0$. 从上面的不等式知 $a \underset{F^2}{<} q_2 t^{\frac{1}{3}}$. 由于 $a \in F_{k-1}$,同时 F_{k-1} 不满足(#),故必有 $a \underset{F^2}{<} \frac{1}{2} q_1 t^{\frac{1}{3}}$. 于是 $\frac{1}{2} q_1 t^{\frac{1}{3}} \underset{F^2}{<} b\sqrt{\alpha_k} \underset{F^2}{<} q_2 t^{\frac{1}{3}}$. 从而 $\frac{1}{4} q_1^2 t^{\frac{2}{3}} \underset{F^2}{<}$

$b^2\alpha_k \underset{F^2}{<} q_2^2 t^{\frac{2}{3}}$，即 $q_2^{-2\frac{1}{3}} \underset{F^2}{<} \frac{t}{b^2\alpha_k} \underset{F^2}{<} 4q_1^{-2}t^{\frac{1}{3}}$. 由此得出 F_{k-1} 满足(#)，矛盾.

(2) $ab \underset{F^2}{<} 0$. 由上面的不等式. 有

$$q_2^{-2}t^{-\frac{2}{3}} \underset{F^2}{<} (a + b\sqrt{\alpha_k})^{-2} \underset{F^2}{<} q_1^{-2}t^{-\frac{3}{2}}$$

从而有

$$q_2^{-2}t^{\frac{1}{3}} \underset{F^2}{<} \frac{t}{(a + b\sqrt{\alpha_k})^2} \underset{F^2}{<} q_1^{-2}t^{\frac{1}{3}}$$

上式又改写成

$$q_2^{-2}t^{\frac{1}{3}} \underset{F^2}{<} \frac{(a^2 + b^2\alpha_k)t}{(a^2 - b^2\alpha_k)^2} - \frac{2abt}{(a^2 - b^2\alpha_k)^2}\sqrt{\alpha_k} \underset{F^2}{<} q_1^{-2}t^{\frac{1}{3}}$$

从情形(1)的讨论，这又将导致矛盾.

基于以上所论，多项式 $f(X)$ 在 F 上应是半正定的.

希尔伯特第十七问题的历史及概况简介

附录二

1. 半正定多项式[①]的平方和表示这个问题,最初是就齐次式提出的,它就是:实系数的半正定齐次式,是否必能表成齐次式的平方和? H. Minkowski 在1885年的一篇文章中,对此持否定的看法. 其后,希尔伯特研究了这个问题,并且得到完整的解答,他的结论是(见[20]):

n 元的 m 次实系数半正定齐次式,只有在以下几种情形才能表为齐次式的平方和,即:

(i) $n \leqslant 2$, m 任意;

(ii) n 任意, $m=2$;

(iii) $n=3$, $m=4$.

希尔伯特使用很繁难的几何方法,而且也没有给出具体的反例,其后,希尔伯特[②]又

① 按希尔伯特的原用语为"positive definite",应该译作"正定"由于它实际上是指"非负",而不是"恒正",所以当今许多著作改用"positve semi - definite"一词. 据此,我们使用"半正定"一语,而保留"正定"这个词于"恒正"的情形.

② 见"几何基础"第一版(1899), §38 ~ §39;或中文译本上册,定理67(科学出版社,1987(第二版)).

对三元的半正定齐次式作了进一步的研究,得到的结论是:尽管在 $m \neq 4$ 时不一定能表为齐次式的平方和,但可以表示成两个平方和之商([21]). 换成多项式的语言,那就是,二元实系数的半正定多项式. 必可表示成实系数有理函数的平方和.

另一方面,表半正定有理函数为平方和的问题,又在几何构图中遇到. 结合他对二元情形所得的结果,这就构成了希尔伯特在 1900 年巴黎大会上提出其第十七问题的历史背景.

2. 1926 年阿廷就实闭域和 **R** 的子域这一类情况正面地解答了希尔伯特第十七问题. 他使用的方法建立在由他和 O. Schreier 共同提出的实域理论之上,也就是本册 2.1 ~2.4 所介绍的. 更具体地来看,阿廷在证明过程中用到两个事实:一是本册 1.3 中的定理的推论;另一个是一系列的"特殊化引理",后一过程比较烦琐. S. Lang 于 50 年代在阿廷工作的基础上建立了实位理论,从而使得对第十七问题解答的论证大为简化. 这就是本册 2.6 和 2.7 的内容.

除了以上所谈的代数方法,50 年代中叶,A. Robinson 用模型论的方法,非常简捷地证明了阿廷定理(见[36],[37]);而且还把定理推广于实流形的情形. 他的这一项工作被认为是模型论应用于代数的最佳实例之一. 现在模型论的方法在实代数与实代数几何中,有越来越广泛的发展和应用(见[13],[34]).

3. 上面已经提到,希尔伯特在[20]中虽已证明当 $n=3$, $m \neq 4$ 时,半正定的齐次式不必能表为齐次式的平方和,但是他没有给出反例,于是,寻求反例就成了一个长期探索的问题. 最早的一个反例,是 T. S. Motzkin 于 1967 年获得的

$$s = Z^6 + X^4Y^2 + X^2Y^4 - 3X^2Y^2Z^2$$

(见[30],217). 由于算术平均不小于几何平均,所以 s 是半正定的. 如果 s 能表成齐次式的平方和 $s=\sum_{i=1}^{l}s_i^2$,则每个 s_i 显然不能包含 X^3,Y^3,X^2Z,Y^2Z,XZ^2 以及 YZ^2;从而 s_i 只能是 XY^2,X^2Y,XYZ,Z^3 线性组合. 由此可知,在 $\sum_{i=1}^{l}s_i^2$ 中,$X^2Y^2Z^2$ 的系数不可能是负的,而与 s 的表式相矛盾.

自从 Motzkin 的例子出现以后,又陆续发现许多简单且对称的反例,譬如

$$X^4Y^2+Y^4Z^2+Z^4X^2-3X^2Y^2Z^2$$

$$W^4+X^2Y^2+Y^2Z^2+Z^2X^2-4XYZW$$

(见[10],[11]).

4. 当一个半正定多项式能表作有理函数的平方和时,对于平方和的个数,能否求得一最小的上界? 在本册的 2.12~2.14 中,对此进行讨论,事实上,这个定量问题从一开始就出现了,在单元的情形,多项式成为半正定的,当且仅当它能表成两个平方之和. 对于二元的情形,希尔伯特在[21]中证明,每个半正定多项式总能表成四个平方之和. 可是他不能判定,是否还可以表成三个平方之和. 如果使用我们在 2.12 中所引进的 Pythagoras 数,那就有 $p(\mathbf{R}(X))=2$,以及 $p(\mathbf{R}(X,Y))\leqslant 4$.

阿廷的解答并不包含对平方和个数的估计,所以被称为"定性的". 至于问题的"定量"方面,也就是求 Pythagoras 数,是个难度甚大的问题. 自从希尔伯特本人的工作以来,直到 60 年代中期,才由 J. Ax 给出 $p(\mathbf{R}(X,Y,Z))\leqslant 8$. 其后,经 Cassels, Pfister 等人的工作,才得到它的一个上下限,那就是在 2.14 中所证明的

$$n+1\leqslant p(R(X_1,\cdots,X_n))\leqslant 2^n$$

其中 R 是个实闭域. 这是当前最具一般性的结果. 特别用于希尔伯特最初的问题,就知道 $p(\mathbf{R}(X,Y))$ 只能是 3 或 4,到了 70 年代之初,Cassels, Ellson 和 Pfistor 在[8]中指出,前面提到的那个 Motzkin 齐次式 s,如果写成多项式

$$X^2Y^2(X^2+Y^2-3)+1$$

则它在 $\mathbf{R}(X,Y)$ 中不能表示成三个平方之和. 从而得出 $p(\mathbf{R}(X,Y))=4$.

Cassels 还证明了:对于任何实域 F,总有

$$p(F(X_1,\cdots,X_n))\geqslant p(F)+n$$

对于实闭域 R,结合 $p(R(X,Y))=4$,就有

$$n+2\leqslant p(R(X_1,\cdots,X_n))\leqslant 2^n, n\geqslant 2$$

以上都是就系数取自实闭域的情形而论的,结果取 $\mathbf{Q}$,至今还只有一些个别的结果,早在 20 世纪之初,明道证明过 $p(\mathbf{Q}(X))\leqslant 8$. 这个不等式直到 70 年代才被改进成 $p(\mathbf{Q}(X))=5$. 二元的情形,最近才有 $p(\mathbf{Q}(X,Y))\leqslant 8$,结合 $p(\mathbf{Q})=4$ 以及 Cassels 的不等式,可知 $p(\mathbf{Q}(X,Y))$ 的值只可能在 6,7,8 三个数中取.

5. 本册的 2.9 ~ 2.11 讨论第十七问题的逆问题,问题的产生可以追溯到 S. Lang 的一条命题. 在[27]中①,作者写道:"若实域 F 只有唯一的序,则 F 上半正定的 n 元有理函数,总可写成 $F(X_1,\cdots,X_n)$ 中的平方和". 不久以后,D. W. Dubois 就对此举出反例(见本册 2.9 的例子),从而引出了 K. McKenna 在1975 年的工作. McKenna 的工作是对序域来讨论的;以后,A. Prestel 把它推广到具有有限多个序的实域. 曾广兴的工作[42]概括了 McKenna 和 Prestel 的结果,他是就任意亚

---

① 见该书 1965 年初版,第 278 页,定理 5 的推论 2,在 1971 年的修订版中已作更正. 见第 279 页.

序域立论的. 除已在 2.11 中作了详尽的介绍外,还可以参看他的[47].

6. 自从阿廷正面地解答了希尔伯特的第十七问题. 60 多年来,这个问题已被移植到许多不同的场合;在许多不同的对象上建立了类似于阿廷定理的结论. 在 2.8 中可以看到这方面的一个例子. 现在我们再对几种不同的推广,作为例子略事介绍,用以窥见这个问题在当代数学发展中的若干影响.

(Ⅰ)实流形上的希尔伯特第十七问题. 设 R 是个实闭域,V 是 $R^{(n)}$ 中由素理想 $I\subseteq R[x_1,\cdots,x_n]$ 所定的实流形. 此时 $R[X_1,\cdots,X_n]/I=R[x_1,\cdots,x_n]$ 是个实整环,称为 V 的坐标环,记以 $R[V]$;它的商域是个实域,称作 V 的函数域.

对于每个 $\varphi\in R[V]$,总有 $f\in R[X_1,\cdots,X_n]$,使得 $\pi(f)=\varphi$,π 为自然同态 $R[X_1,\cdots,X_n]\to R[V]$. 若 φ 对于每个点 $(a_1,\cdots,a_n)\in V$,恒有 $\varphi(a_1,\cdots,a_n)=f(a_1,\cdots,a_n)\underset{R^2}{\geqslant}0$,则称 φ 是半正定的. 此时 f 在 V 上恒取非负值,但作为 $R[X_1,\cdots,X_n]$ 中的多项式而言,f 不必是半正定的. 所谓 V 上的希尔伯特第十七问题,是问 $R[V]$ 中每个半正定的多项式能否表成函数域$R(V)$中的平方和? 又如果答案是肯定的,那么平方和的个数是多少? 由推论 2.8.4 并不能直接得出定性部分的回答,因为(2.8.12)的左边含有 $S_1\in S_{R[X]}$,有可能出现 $\pi(s_1)=0$ 的情形,尽管如此,此问题的回答仍然是肯定的. 在[18]中,Gondard 与 Ribenboim 对此给出证明. 但应当指出一个事实:对于 $f\in R[X_1,\cdots,X_n]$,如果它能表成 $R(X_1,\cdots,X_n)$ 中的平方和,则是半正定的多项式,从而在 V 上取非负值. 但就 $R[V]$ 中的 φ 来说,情形就不同了. 例如,取由 $\mathbf{R}[X,Y]$ 中 $I=(X^3+X^2+Y^2)$

所生成的实流形 $V\subseteq\mathbf{R}^{(2)}$，多项式 $\varphi(x,y)=x^2+y^2-\frac{1}{4}$ 在 $\mathbf{R}(V)$ 中可以表示成平方和. 这个多项式显然不是 $\mathbf{R}[V]$ 中的半正定多项式，因为 $\varphi(0,0)<0$.

至于问题的定量部分，也可以得到与前面相类似的结果：当 $V\subseteq R^{(n)}$ 的维数为 d 时，有

$$d+1\leqslant p(R(V))\leqslant 2^d$$

见[18].

(Ⅱ)实闭环上的半正定多项式. 一个不是域的整环 A，如果它只有唯一的序 $\leqslant$，同时 A 上的单元多项式都具有中间值性质（见 2.3，(2.3.2)），我们就称 A 是个实闭环（见[9]，[12]）. 此时 A 有唯一的极大理想 M；而且，关于它的唯一的序 $\leqslant$，M 是元素都是无限小. 我们称多项式 $f(X_1,\cdots,X_n)\in A[X_1,\cdots,X_n]$ 在 A 上是半正定的，如果对于每一组 $(a_1,\cdots,a_n)\in A^{(n)}$，都有 $f(a_1,\cdots,a_n)\geqslant 0$. 与通常的情形不一样，对于任何 $0\neq a\in M$，多项式 aX_1+1 总是半正定的. 但 aX_1+1 显然不是 $F(X_1,\cdots,X_n)$ 中的平方和，此处 F 是 A 的商域. 因此，A 上的希尔伯特第十七问题将具有不同于通常的形式. Dickmann 在[12]中得到如下的结论：

多项式 $f\in A[X_1,\cdots,X_n]$ 在 A 上成为半正定的，当且仅当有以下的等式

$$f\cdot\left(\sum_j(1-b_jq_j)h_j^2\right)=\sum_i(1-a_ip_i)g_i^2$$

成立，其中 $a_i,b_j\in M$；$p_i,g_i,q_j,h_j\in A[X_1,\cdots,X_n]$. 以这个结果可作为阿廷定理在实闭环上的推广，最近，曾广兴做了进一步的改进，把它推广到带核实赋值环的情形，见[45].

(Ⅲ)Nash 函数环上的半正定函数. 现在来看一种推广，它的对象不是多项式函数. 设 V 是 $\mathbf{R}^{(n)}$ 中的一个实流形；U 是 V 的一个开子集. 我们称函数 $f:U\to\mathbf{R}$

为 U 上的一个 Nash 函数，如果 f 既是解析的，同时关于 V 的坐标环 $\mathbf{R}[x_1,\cdots,x_n]$ 又是代数的. 当 U 是 V 上的连通半代数子集时，U 上所有的 Nash 函数组成一个整环，记作 $N(U)$. Nash 函数环 $N(U)$ 具有许多与多项式环相类似的性质，这方面的文献很多，见[4]，[13]. 我们称 f 在 U 上是半正定的，如果对于每个点 $(u_1,\cdots,u_n)\in U$，总有 $f(u_1,\cdots,u_n)\geqslant 0$. 在 Nash 函数环上，可以提出与希尔伯特第十七问题相类似的问题，而且还可以建立类似于 2.8 中所介绍的各种点定理. 现在把类似于第十七问题的非负点定理陈述如下：

设 $U\subseteq\mathbf{R}^{(n)}$ 是个连通的开半代数子集；$N(U)$ 是 U 上的 Nash 函数环，$f\in N(U)$ 在 U 上是半正定的充分必要条件为有等式

$$f\cdot s_1 = f^{2m}+s_2$$

成立，其中 s_1,s_2 为 $N(U)$ 中的平方和；m 是某个正整数.

（Ⅳ）最后来看一个以对称矩阵作为对象的例子. 首先，在实闭域 R 上，每个 m 级对称矩阵都对应一个 m 元的二次型. 当二次型为半正定的，我们也称该对称矩阵在 R 上是半正定的. 令 $\boldsymbol{B}=B(X)=(b_{ij}(X))_{i,j=1,\cdots,m}$ 是 $R[X_1,\cdots,X_n]$ 上的对称矩阵. 如果以每一组 $\boldsymbol{\alpha}=(\alpha_1,\cdots,\alpha_n)\in R^{(n)}$ 代入 $\boldsymbol{B}$ 后所得的矩阵 $\boldsymbol{B}(\boldsymbol{\alpha})=(b_{ij}(\boldsymbol{\alpha}))$ 在 R 上都是半正定的，就称 $\boldsymbol{B}=B(X)$ 在 R 上是半正定的. 对此，可以作类似于希尔伯特第十七问题的提问：半正定的对称矩阵是否可表示成对称矩阵的平方和？又如果答案是肯定的，其平方和的个数又是多少？在[19]中，Gondard 与 Ribenboim 对此作了如下的回答：

设 R 是个实闭域；$\boldsymbol{B}=(b_{ij}(X))_{i,j=1,\cdots,m}$ 是 $R[X_1,\cdots,X_n]$ 上的对称矩阵，如果 $\boldsymbol{B}$ 在 R 上是半正定的，则 $\boldsymbol{B}$ 可

以表示成 $R(X_1,\cdots,X_n)$ 上 m 级对称矩阵的平方和;反之,对称矩阵的平方和在 R 上是半正定的.

这是对问题定性部分的回答. R 是实闭域这一前设尚可作进一步的减弱,见[14],[42],[44].

至于问题的定量部分,则有以下的结论:

设 R 如前;以 $S_m(R(X_1,\cdots,X_n))$ 记 $R(X_1,\cdots,X_n)$ 上所有 m 级对称矩阵所成的环;又以 $p(S_m(R(X_1,\cdots,X_n)))$ 记它的 Pythangoras 数意义如前,于是,对于任何整数 $m\geqslant 1,n\geqslant 0$. 有如下的不等式成立

$$p(R(X_1,\cdots,X_n))\leqslant p(S_m(R(X_1,\cdots,X_n)))\leqslant 2^n$$

特别在 $n=2$ 时,由于已知 $p(R(X,Y))=4$,故不论 m 取任何正整数,总有 $p(S_m(R(X,Y)))=4$.

附录三

希尔伯特

希尔伯特(D. Hilbert David),1862年1月23日生于德国柯尼斯堡;1943年2月14日卒于格丁根.

希尔伯特出生于东普鲁士的一个中产家庭.祖父大卫·菲尔赫哥特·勒贝雷希特·希尔伯特(David Fürchtegott Leberecht Hilbert)和父亲奥托·希尔伯特(Otto Hilbert)都是法官,祖父还获有"枢密顾问"头衔.母亲玛丽亚·特尔思·埃尔特曼(Maria Therse Erdtmann)是商人的女儿,颇具哲学、数学和天文学素养.希尔伯特幼年受到母亲的教育启蒙,八岁正式上学,入皇家腓特烈预科学校.这是一所有名的私立学校,E.康德(Kant)曾就读于此.不过该校教育偏重文科,希尔伯特从小喜爱数学,因此在最后一学期转到了更适合他的威廉预科学校.在那里,希尔伯特的成绩一跃而上,各门皆优,数学则获最高分"超".老师在毕业评语中写道:"该生对数学表现出强烈兴趣,而且理解深刻,他用非常好的方法掌握了老师讲授的内容,并能有把握地、灵活地应用它们."

1880年秋,希尔伯特进柯尼斯堡大

学攻读数学. 大学第二学期,他按当时的规定到另一所大学去听课,希尔伯特选择了海德堡大学,那里 L·富克斯(Fuchs)教授的课给他印象至深. 在柯尼斯堡,希尔伯特则主要跟从 H. 韦伯(Weber)学习数论、函数论和不变量理论. 他的博士论文指导老师是赫赫有名证明 π 超越性的 F. 林德曼(Lindemann)教授,后者建议他做代数形式的不变性质问题. 希尔伯特出色地完成了学位论文,并于 1885 年获得了哲学博士学位.

在大学期间,希尔伯特与比他年长三岁的副教授 A. 胡尔维茨(Hurwitz)和比他高一班的 H. 闵可夫斯基(Minkowski)结下了深厚友谊. 这种友谊对各自的科学工作产生了终身的影响. 希尔伯特后来曾这样追忆他们的友谊:“在日复一日无数的散步时刻,我们漫游在数学科学的每个角落”;“我们的科学,我们爱它超过一切,它把我们联系在一起. 在我们看来,它好像鲜花盛开的花园. 在花园中,有许多踏平的路径可以使我们从容地左右环顾,毫不费力地尽情享受,特别是有气味相投的游伴在身旁. 但是我们也喜欢寻求隐秘的小径,发现许多美丽的新景. 当我们向对方指出来,我们就更加快乐”.

大学毕业后,希尔伯特曾赴莱比锡、巴黎等地作短期游学. 在莱比锡,他参加了 F. 克莱因(Klein)的讨论班,受到后者的器重. 正是克莱因推荐希尔伯特去巴黎访问,结识了 H. 庞加莱(Poincaré)、C. 若尔当(Jordan)、E. 皮卡(Picard)与 C. 埃尔米特(Hermite)等法国著名数学家. 在从巴黎返回科尼斯堡途中,希尔伯特又顺访了柏林的 L. 克罗内克(Kronecker). 希尔伯特在自己早期工作中曾追随过克罗内克,但后来在与直觉主义的论战中却激烈地批判“克罗内克的阴魂”.

1886 年 6 月,希尔伯特获柯尼斯堡大学讲师资格. 除教课外,他继续探索不变量理论并于 1888 年秋取得突破性结果——解决了著名的“哥尔丹问题”，这使他声名初建. 1892 年，希尔伯特被指定为柯尼斯堡大学副教授以接替胡尔维茨的位置. 同年 10 月，希尔伯特与克特·耶罗施(Käthe Jerosch)结婚. 1893 年，希尔伯特升为正教授. 1895 年 3 月，由于克莱因的举荐，希尔伯特转任格丁根大学教授，此后他始终在格丁根执教，直到 1930 年退休.

在格丁根，希尔伯特又相继发表了一系列震惊数学界的工作;1896 年他向德国数学会递交了代数数论的经典报告“代数数域理论”(Die Theorie der algebraischen Zablkörper);1899 年发表著名的《几何基础》(Grundlagen der Geometrie)并创立了现代公理化方法;同年希尔伯特出人意料地挽救了迪利克雷原理而使变分法研究出现崭新转机;1909 年他巧妙地证明了华林猜想;1901 ~ 1912 年间通过积分方程方面系统深刻的工作而开拓了无限多个变量的理论. 这些工作确立了希尔伯特在现代数学史上的突出地位. 1912 年以后，希尔伯特的兴趣转移到物理学和数学基础方面.

希尔伯特典型的研究方式是直攻重大的具体问题，从中寻找带普遍意义的理论与方法，开辟新的研究方向. 他以这样的方式从一个问题转向另一个问题，从而跨越和影响了现代数学的广阔领域.

代数不变量问题(1885 ~ 1893). 代数不变量理论是 19 世纪后期数学的热门课题. 粗略地说，不变量理论研究各种变换群下代数形式的不变量. 古典不变量理论的创始人是英国数学家 G. 布尔(Boole)、A. 凯莱(Cayley)和 B. 西尔维斯特(Sylvester). n 个变元 x_1, $x_2,\cdots,x_n$ 的 m 次齐次多项式 $J(x_1,\cdots,x_n)$ 被称为 n 元 m 次代数形式. 设线性变换 T 将变元$(x_1,\cdots,x_n)$变为$(X_1,\cdots,X_n)$，此时多项式 $J(x_1,\cdots,x_n)$ 变为$J^*(X_1,\cdots,$

X_n),J 的系数 $a_0, a_1, \cdots, a_q$ 变为 J^* 的系数 $A_0, A_1, \cdots, A_q$. 若对全体线性变换 T 有 $J = J^*$,则称 J 为不变式,称在线性变换下保持不变的 J 的系数的任何函数 I 为 J 的一个不变量. 凯莱和西尔维斯特等人计算、构造了大量特殊的不变量. 这也是 1840 ~ 1870 年间古典不变量理论研究的主要方向. 进一步的发展提出了更一般的问题——寻找不变量的完备系,即对任意给定元数与次数的代数形式,求出最小可能个数的有理整不变量,使任何其他有理数不变量可以表示成这个完备集合的具有数值系数的有理整函数. 这样的完备系亦叫代数形式的基. 在希尔伯特之前,数学家们只是对某些特殊的代数形式给出了上述一般问题的解答,这方面贡献最大的是 P. 哥尔丹(Gordan). 哥尔丹几乎毕生从事不变量理论的研究,号称“不变量之王”. 他最重要的结果是所谓“哥尔丹定理”,即对二元形式证明了有限基的存在性. 哥尔丹的证明冗长、繁复,但其后二十余年,却无人能够超越.

希尔伯特的工作从根本上改变了不变量理论研究的现状. 他的目标是将哥尔丹定理推广到一般情形,他采取的是崭新的非算法的途径. 希尔伯特首先改变了问题的提法;给定了无限多个包含有限个变元的代数形式系,问在什么条件下存在一组有限的代数形式系,使所有其他的形式都可表示成它们的线性组合? 希尔伯特证明了这样的形式系是存在的,然后应用此结果于不变量而得到了不变量系有限整基的存在定理. 希尔伯特的证明是纯粹的存在性证明,他不是像哥尔丹等人所做的那样同时把有限基构造出来,这使它在发表之初遭到了包括哥尔丹本人在内的一批数学家的非议. 哥尔丹宣称"这不是数学,而是神学!"但克莱因、凯莱等人却立即意识到希尔伯特工作的价值. 克莱因指出希尔伯特的证明"在逻辑上是不可抗拒的",并将希尔伯特的文章带到在芝加哥举行的国际数学会议上去推荐介绍. 存在性证明的意义日益获得公认. 正如希尔伯特本人阐明的那样:通过存在性证明"就可以不必去考虑个别的构造,而将各种不同的构造包摄于同一个基本思想之下,使得对证明来说是最本质的东西清楚地突显出来,达到思想的简洁和经济,……禁止存在性证明,等于废弃了数学科学". 对于现代数学来说,尤为重要的是希尔伯特的不变量理论把模、环、域的抽象理论带到了显著地位,从而引导了以埃米·诺特(Emmy Noether)为代表的抽象代数学派. 事实上,希尔伯特对不变量系有限基的存在性证明,是以一条关键的引理为基础,这条关于模(module,指多项式环中的一个理想)的有限基的存在性引理,正是通过使用模、环、域的语言而获得的.

希尔伯特最后一篇关于不变量的论文是"论完全不变量系"(Über die vollen Invariantensysteme,1893),他在其中表示"由不变量生成的函数域的理论最主要的目标已经达到",于是他在致闵可夫斯基的一封信中宣告:"从现在起,我将献身于数论".

代数数域(1893 ~ 1898). 希尔伯特往往以对已有的基本定理给出新证明作为他征服某个数学领域的前奏. 他对代数数论的贡献,情形亦是如此. 在 1893 年慕尼黑德国数学会年会上,希尔伯特宣读的第一个数论结果——关于素理想分解定理的新证明,即引起了与会者的重视,数学会遂委托希尔伯特与闵可夫斯基共

同准备一份数论进展报告.该报告最后实际上由希尔伯特单独完成(闵可夫斯基中间因故脱离计划),并于1897年4月以“代数数域理论”为题正式发表(以下简称“报告”).远远超出数学会的期望,这份本来只需概述现状的报告,却成为决定下一世纪代数数论发展方向的经典著作.“报告”用统一的观点,将以往代数数论的全部知识铸成一个严密宏伟的整体,在对已有结果给出新的强有力的方法的同时引进新概念、建立新定理,描绘了新的理论蓝图.希尔伯特在“报告”序言中写道:

“数域理论是一座罕见的优美和谐的大厦.就我所见,这座建筑中装备得最富丽的部分是阿贝尔域和相对阿贝尔域的理论,它们是由于库默尔关于高次互反律的工作和克罗内克关于椭圆函数复数乘法的研究而被开拓的.更深入地考察这两位数学家的理论,就会发现其中还蕴藏着丰富的无价之宝,那些了解它们的价值,一心想试一试赢得这些宝藏的技艺的探索者,将会得到丰富的报偿.”

“报告”发表后的数年间,希尔伯特本人曾努力发掘这些“宝藏”,这方面的工作始终抓住互反律这个中心,并以类域论的建立为顶峰.

古典互反律最先为L.欧拉(Euler,1783)和A.M.勒让德(Legendre,1785)发现,它描述了一对素数p,q及以它们为模的二次剩余之间所存在的优美关系.C.F.高斯(Gauss)是第一个给二次互反律以严格证明的人(1801),他把它看作算术中的“珍宝”,先后做出了七个不同证明,并讨论过高次互反律.

将互反律推广到代数数域情形,是代数数论的一个重要而困难的课题,希尔伯特的工作为此种推广铺平了道路. 希尔伯特从二次域的简单情形入手,将二次剩余解释为一个二次域中的范数,将高斯剩余符号解释为范数剩余符号. 利用范数剩余符号,古典互反律可以被表示成简单漂亮的形式

$$\prod_p \left(\frac{a,k}{p}\right)=1$$

此处 p 跑遍无限及有限素点. $\left(\frac{a,k}{p}\right)$即范数剩余符号:
$\left(\frac{a,k}{p}\right)=+1$,若 a 是二次域 k 中的 p - adic 范数;
$\left(\frac{a,k}{p}\right)=-1$,若 a 不是 p - adic 范数. 这样的表述可以被有效地推广,使希尔伯特猜测到高次互反律的一般公式(虽然他未能对所有情形证明其猜测).

希尔伯特在 1898 年发表的纲领性文章“相对阿贝尔域理论”(Ueber die Theorie der relativ Abelschen Zahlkörper)中,概括了一种广泛的理论——类域论. “类域”,是一种特别重要的代数数域:设代数数域 k 的伽罗瓦扩张为 K,若 K 关于 k 的维数等于 k 的类数,且 k 的任何理想在 K 中都是主理想,就称 K 为 k 的类域. 希尔伯特当初定义的“类域”,相当于现在的“绝对类域”. 作为猜想,希尔伯特建立了类域论的若干重要定理:(1)任意代数数域 k 上的类域存在且唯一;(2)相对代数数域 K/k 是阿贝尔扩张,且其伽罗瓦群与 k 的理想类群同构;(3)K/k 的共轭差积为 1;(4)对于 k 的素理想 p,如果 f 是最小正整数使 p^f 成为主理想,则 p 在 K 中分解为 $p=\mathfrak{P}_1\mathfrak{P}_2\cdots\mathfrak{P}_g(N_{K/k}(\mathfrak{P}_i)=p^f,f_g=h)$;(5)(主理想定理)设 K/k 为绝对类域,则将 k 的任意

理想扩张到 K 时,就都成为主理想. 希尔伯特在某种特殊情形下给出了上述定理的证明. 类域论后经高木贞治和 E. 阿廷(Artin)等人进一步发展而成完美的现代数学体系.

希尔伯特关于代数数域的研究同时使他成为同调代数的前驱. "报告"中有一条相对循环域的中心定理——著名的"定理 90",包含了同调代数的基本概念.

"相对阿贝尔域理论"的发表标志了希尔伯特代数数域研究的终结. 希尔伯特是属于这样的数学家,他们竭尽全力打开一座巨大的矿藏后,把无数的珍宝留给后来人,自己却又兴趣盎然地去勘探新的宝藏了. 1898 年底,格丁根大学告示:希尔伯特教授将于冬季学期作"欧几里得几何基础"的系列讲演.

几何基础(1898 ~ 1902). H. 外尔(Weyl)曾指出:"不可能有比希尔伯特关于数域论的最后一篇论文与他的经典著作《几何基础》把时期划分得更清楚了." 在 1899 年以前,希尔伯特唯一正式发表的几何论述只有致克莱因的信"论直线作为两点间的最短联结"(Über die gerade Linie als kürzeste Verbindung zweier Punkte,1895). 但事实上,希尔伯特对几何基础的兴趣却可以追溯到更早. 1891 年夏,他作为讲师曾在柯尼斯堡开过射影几何讲座. 同年 9 月,他在哈雷举行的自然科学家大会上听了 H. 维纳(Wiener)的讲演"论几何学的基础与结构"(Über Grundlagenund Aufbau der Geometrie). 在返回柯尼斯堡途中,希尔伯特在柏林假车室里说了以下的名言:"我们必定可以用'桌子、椅子、啤酒杯'来代替'点、线、面'". 说明他当时已认识到直观的几何概念在数学上并不合适. 以后希尔伯特又先后作过多次几何讲演,其中最重要的有1894 年夏季讲座"几何基础"、1898 年复活节假期讲座"论无限概念"(Über den Begriff des Unendlichen),它们终于导致了 1898 ~ 1899 年冬季学期讲演"几何基础"中的决定性贡献.

欧几里得几何一向被看作数学演绎推理的典范. 但人们逐渐察觉到这个庞大的公理体系并非天衣无缝. 对平行公理的长期逻辑考察,孕育了 H. И. 罗巴切夫斯基(Лобачевский)、J. 波尔约(Bolyai)与高斯的非欧几何学,但数学家们却并没有因此而高枕无忧. 第五公设的独立性迫使他们对欧几里得公理系统的内部结构做彻底的检查. 在这一领域里,希尔伯特主要的先行者是 M. 帕施(Pasch)和 G. 皮亚诺(Peano). 帕施最先以纯逻辑的途径构筑了一个射影几何公理体系(1882),皮亚诺和他的学生 M. 皮耶里(Pieri)则将这方面的探讨引向欧氏几何的基础. 但他们对几何对象以及几何公理逻辑关系的理解是初步的和不完善的. 例如帕施射影几何体系中列出的公理与必需的极小个数公理相比失诸过多;而皮亚诺只给出了相当于希尔伯特的部分(第一、二组)公理. 在建造逻辑上完美的几何公理系统方面,希尔伯特是真正获得成功的第一人. 正如他在《几何基础》导言中所说:

"建立几何的公理和探究它们之间的联系,是一个历史悠久的问题;关于这问题的讨论,从欧几里得以来的数学文献中,有过难以计数的专著,这问题实际就是要把我们的空间直观加以逻辑的分析.""本书中的研究,是重新尝试着来替几何建立一个完备的,而又尽

可能简单的公理系统;要根据这个系统推证最重要的几何定理,同时还要使我们的推证能明显地表出各类公理的含义和个别公理的推论的含义."

与以往相比,希尔伯特公理化方法的主要功绩在于以下两个方面.

首先是关于几何对象本身达到了更高的抽象.希尔伯特的公理系统是从三类不定义对象(点、线、面)和若干不定义关系(关联、顺序、合同)开始的.尽管希尔伯特沿用了欧氏几何的术语,其实是"用旧瓶装新酒",在欧氏几何的古典框架内提出现代公理化的观点.欧氏几何中的空间对象都被赋予了描述性定义,希尔伯特则完全舍弃了点、线、面等的具体内容而把它们看作是不加定义的纯粹的抽象物,他明确指出欧几里得关于点、线、面的定义本身在数学上并不重要,它们之所以成为讨论的中心,仅仅是由于它们同所选诸公理的关系.这就赋予几何公理系统以最大的一般性.

其次,希尔伯特比任何前人都更透彻地提示出公理系统的内在联系.《几何基础》中提出的公理系统包括 20 条公理,希尔伯特将它们划分为五组:

Ⅰ.1—8.　关联公理.

Ⅱ.1—4.　顺序公理.

Ⅲ.1—5.　合同公理.

Ⅳ.　平行公理.

Ⅴ.1—2.　连续公理.

这样自然地划分公理,使公理系统的逻辑结构变得非常清楚,希尔伯特明确提出了公理系统的三大基本要求,即相容性(consis tency)、独立性(independency)和完备性(completeness).

相容性要求公理系统不包含任何矛盾. 这是在公理基础上纯逻辑地展开几何学时首先遇到的问题. 在希尔伯特之前,人们已通过非欧几何在欧氏空间中的实现而将非欧几何的相容性归结为欧氏几何的相容性. 希尔伯特贡献的精华之一,是通过算术解释而将欧氏几何的相容性进一步归结为算术的相容性. 例如,将平面几何中的点与实数偶(x,y)对应起来,将直线与联比(u,v,w)(u,v不同时为0)对应起来,表达式$ux+vy+w=0$就表示点落在直线上,这可以看作"关联"关系的算术解释. 在对每个概念与关系类似地给出算术解释后,希尔伯特进一步将全部公理化成算术命题,并指出它们仍能适合于这些解释. 这样,希尔伯特就成功地证明了:几何系统里的任何矛盾,必然意味着实数算术里的矛盾.

希尔伯特处理独立性问题的典型手法是构造模型:为了证明某公理的独立性,构造一个不满足该公理但满足其余公理的模型,然后对这个新系统证明其相容性. 希尔伯特用这样的方法论证了那些最令人关心的公理的独立性,其中一项重大成果是对连续公理(亦叫阿基米德公理)独立性的研究. 在这里,希尔伯特建造了不用连续公理的几何学——非阿基米德几何学模型.《几何基础》用了整整五章篇幅来实际展开这种新几何学,显示出希尔伯特卓越的创造才能.

如果说独立性不允许公理系统出现多余的公理,那么完备性则意味着不可能在公理系统中再增添任何新的公理,使与原来的公理集相独立而又与之相容.《几何基础》中的公理系统是完备的,但完备性概念的精确陈述则是由其他学者如 E. 亨廷顿(Huntington,

1902)、O. 维布伦(Veblen,1904)等给出的.

《几何基础》最初发表于1899年6月格丁根庆祝高斯－韦伯塑像落成的纪念文集上,它激起了对几何基础的大量关注,通过这部著作,希尔伯特不仅使几何学本身具备了空前严密的公理化基础,同时使自己成为整个现代数学公理化倾向的引路人.其后,公理化方法逐步渗透到几乎所有的纯数学领域.正因为如此,人们对《几何基础》的兴趣历久不衰,该书在希尔伯特生前即已六次再版,1977年纪念高斯诞生200周年时发行了第十二版.

变分法与积分方程(1899～1912).希尔伯特在代数和几何中留下了深刻印记后,接着便跨入数学的又一大领域——分析.他以挽救迪利克雷原理(1899)的惊人之举,作为其分析时期的开端.

迪利克雷原理断言:存在着一个在边界上取给定值的函数 u_0,使重积分

$$F(u)=\iiint\left[\left(\frac{\partial u}{\partial x}\right)^2+\left(\frac{\partial u}{\partial y}\right)^2+\left(\frac{\partial u}{\partial z}\right)^2\right]\mathrm{d}v$$

达极小值,这个极小化函数 u_0 同时是拉普拉斯方程 $\triangle u=0$ 的满足同一边界条件的解.该原理最早出现在G. 格林(Green,1835)的位势论著作中,稍后又为高斯和迪利克雷独立提出.G. F. B. 黎曼(Riemann)首先以迪利克雷的名字命名这一原理并将其应用于复变函数.然而,K. T. W. 魏尔斯特拉斯(Weierstrass)1870年以其特有的严格化精神批评了迪利克雷原理在逻辑上的缺陷.他指出:连续函数下界存在并可达,此性质不能随意推广到自变元本身为函数的情形,也就是说在给定边界条件下使积分 $F(u)$ 极小化的函数未必存在.他的批判迫使数学家们闲置迪利克雷原理,但另一

方面数学物理中许多重要结果都依赖于此原理而建立.

希尔伯特采取完全不同的思路来处理这一难题.他通过边界条件的光滑化来保证极小化函数的存在,从而恢复迪利克雷原理的功效.具体做法是:设 $F(u)$ 的下界为 d,选择一函数序列 u_n 使 $\lim\limits_{n\to\infty}F(u_n)=d$,此时 u_n 本身不恒收敛,但可用对角线法获得一处处收敛的子序列,其极限必使积分达极小值.希尔伯特的工作不仅"复活"了具有广泛应用价值的迪利克雷原理,同时大大丰富了变分法的经典理论.

希尔伯特对现代分析影响最为深远的工作是在积分方程方面.积分方程与微分方程一样起源于力学与物理问题,但在发展上却比后者迟缓.它的一般理论到 19 世纪末才由意大利数学家 V · 活尔泰拉(Volterra)等开始建立.在希尔伯特之前,最重要的推进是瑞典数学家 E · 弗雷德霍姆(Fredhölm)作出的.弗雷德霍姆处理了后以他的名字命名的积分方程

$$f(s)=\varphi(s)-\int_a^b K(s,t)\varphi(t)\,\mathrm{d}t$$

他将积分方程看作是有限线性代数方程组当未知数数目趋于无限时的极限情形,从而建立了积分方程与线性代数方程之间的相似性.希尔伯特于 1900 ~ 1901 年冬从正在格丁根访问的瑞典学者 E. 霍尔姆格伦(Holmgren)那里获悉弗雷德霍姆的工作,便立即把注意力转向积分方程领域.

一如以往的风格,希尔伯特从完善和简化前人工作入手.他首先严格地实现了从代数方程过渡到积分方程的极限过程,而这正是弗雷德霍姆工作的缺陷.如果希尔伯特停留于此,那他就不可能成为 20 世纪领头

的分析学家之一了.希尔伯特随后便越出了弗雷德霍姆的线性代数方程理论,而开辟了一条独创的道路.他研究带参数的弗雷德霍姆方程

$$f(s)=\varphi(s)-\lambda\int_a^b K(s,t)\varphi(t)\mathrm{d}t \tag{1}$$

参数λ在希尔伯特的理论中具有本质意义.他将重点转到与方程(1)相应的齐次方程的特征值和特征函数问题上,以敏锐的目光看出了该问题与二次型主轴化理论的相似性.希尔伯特首先对二次积分型$\int_a^b\int_a^b K(s,t)x(s)y(t)\mathrm{d}s\mathrm{d}t$建立了广义主轴定理:设$K(s,t)$是$s,t$的连续对称函数,$\varphi^p(s)$是属于方程(1)的特征值$\lambda_p$的标准化特征函数,则对任意连续的$x(s)$和$y(t)$如下关系成立

$$\int_a^b\int_a^b K(s,t)x(s)y(t)\mathrm{d}s\mathrm{d}t=\sum_{p=1}^{a}\frac{1}{\lambda_p}\cdot\left(\int_a^b\varphi^p(s)x(s)\mathrm{d}s\right)\cdot\left(\int_a^b\varphi^p(s)y(s)\mathrm{d}s\right)$$

其中α有限或无限,在无限情形,级数对满足$\int_a^b x^2(s)\mathrm{d}s<\infty$与$\int_a^b y^2(t)\mathrm{d}t<\infty$的所有$x(s),y(t)$绝对一致收敛.

利用上述结果,希尔伯特证明了著名的展开定理(后称希尔伯特-施密特定理),即形如$f(s)=\int_a^b K(s,t)g(t)\mathrm{d}t$的函数可以展成$K$的标准正交特征函数$\{\varphi_p\}$的一致收敛级数$f(s)=\sum_{p=1}^{\infty}c_p\varphi_p$,其中$c_p=\int_a^b\varphi^p(s)f(s)\mathrm{d}s$为展开式的傅里叶系数.

希尔伯特接着又将通常的代数主轴定理推广到无

限多个变量的二次型,这是他全部理论的关键之处.他证明:存在一个正交变换 T,使得对新变量 $x' = Tx$,全连续有界二次型 $K(x,x) = \sum_{p,q=1}^{\infty} k_{pq}x_p x_q$ 可化为平方和形式 $K(x,x) = \sum_{j=1}^{\infty} k_j x_j^2$($k_j$ 为特征倒数),其中"全连续"和"有界"性都是希尔伯特为保证主轴定理在无限情形的推广而特意引进的重要概念.

正是在这里,希尔伯特创造了极其重要的具有平方收敛和的数列空间概念.他将二次型 $K(x,x) = \sum_{p,q=1}^{\infty} k_{pq}x_p x_q$ 中无限多个实变量组成的数列 $(x_1, x_2, \cdots)$ 看作可数无限维空间中的一个向量 x,考虑具有有限长度 $|x|$($|x|^2 = x_1^2 + x_2^2 + \cdots$)的 x 全体,它们构成了现在所谓的希尔伯特空间,它具有发展积分方程论所必需的完备性.

希尔伯特应用上述无限多个变量的二次型理论而获得了积分方程论的主要结果.首先是证明了具有对称核的齐次方程 $\varphi(s) = \lambda \int_a^b K(s,t)\varphi(t)\mathrm{d}t$ 至少存在一个特征值及相应的特征函数.希尔伯特还利用展开定理证明了齐次方程除特征值 λ_p 以外没有非平凡解.这就重建了弗雷德霍姆的"择一定理".虽然希尔伯特的结果有许多并不是新的,但正如我们已经看到的那样,他彻底改造了弗雷德霍姆的理论,其意义远远超出了积分方程论本身.他所引进的概念与方法,启发了后人大量的工作.其中特别值得提出的是:匈牙利数学家 F. 里斯(Riesz)等借完备标准正交系确立了勒贝格平方可积函数空间与平方可和数列空间之间的一一对应

关系，制定了抽象希尔伯特空间理论，从而使积分方程理论成为现代泛函分析的主要来源之一. 希尔伯特关于积分方程的一般理论同时渗透到微分方程、解析函数、调和分析和群论等研究中，有力地推动了这些领域的发展.

希尔伯特关于积分方程的成果还在现代物理中获得了意想不到的应用. 希尔伯特在讨论特征值问题时曾创造了“谱”（spectrum）这个术语，他将谱分析理论从全连续二次型推广至有界二次型时发现了连续谱的存在. 到 20 年代，当量子力学蓬勃兴起之时，物理学家们发现希尔伯特的谱分析理论原来是量子力学的非常合适的数学工具. 希尔伯特本人对此感触颇深，他指出：“无穷多个变量的理论研究，当初完全是出于纯粹数学的兴趣，我甚至管这理论叫‘谱分析’，并没有预料到它后来会在实际的物理光谱理论中获得应用”.

希尔伯特关于积分方程的研究，被总结成专著《线性积分方程一般理论基础》（Grundzüge einer allgemeiner Theorie der linearen Integralgleichungen）于 1912 年正式出版，其中收进了他 1904 ~ 1910 年间发表的一系列有关论文.

物理学（1912 ~ 1922）. 希尔伯特对物理学的兴趣起初是受其挚友闵可夫斯基的影响. 闵可夫斯基去世后，1910 ~ 1918 年，希尔伯特一直在格丁根坚持定期讲授物理学. 从 1912 年开始，他更将其主要的科学兴趣集中到物理学方面，并为自己配备了物理学助手.

与物理学家不同的是，希尔伯特研究物理学的基本途径是“借助公理来研究那些在其中数学起重要作用的物理科学”. 遵循这一路线，希尔伯特先是成功地将积分方程论应用于气体分子运动学，随后又相继处理了初等辐射论与物质结构论；受狭义相对论应用数学的鼓舞，他于 1914 ~ 1915 年间大胆地将公理化方法引向当时物理学的前沿——广义相对论并做出了特殊贡献；1927 年，他与冯 · 诺依曼（von Neumann）和 L. 诺德海姆（Nordheim）合作的文章“论量子力学基础”（Über die Grundlagen der Quantenmechanik）则推动了量子力学的公理化.

希尔伯特所提倡的公理化物理学的一般意义，至今仍是需要探讨的问题. 值得强调的是他在广义相对论方面的工作，确实提供了物理学中运用公理化方法的成功范例. 希尔伯特在 1914 年底被 A. 爱因斯坦（Einstein）关于相对性引力理论的设想和另一位物理学家 G. 米（Mie）试图综合电磁与引力现象的纯粹场论计划所吸引，看到了将二者联系起来建立统一物质场论的希望，并立即投入这方面的探讨. 他运用变分法、不变式论等数学工具，按公理化方法直接进行研究. 1915 年 11 月 20 日，希尔伯特在向格丁根科学会递交的论文《物理学基础，第一份报告》（Die Grundlagen der physik, erste Mitteilung）中公布了基本结果. 他在这份报告中这样概括自己的贡献：

“遵循公理化方法，事实上是从两条简单的公理出发，我要提出一组新的物理学基本方程，这组方程具有漂亮的理想形式，并且我相信它们同时包含了爱因斯坦与米所提出的问题的解答.”

希尔伯特所说的两条简单公理是：

公理 I（世界函数公理）. 物理定律由世界函数 H 所决定，使积分 $\int H\sqrt{g}\,\mathrm{d}w$ 对 14 个位势 $g_{\mu\nu}, q_s$ 的每个

变分皆化为零.

公理Ⅱ(广义协变公理). 世界函数 H 对一般坐标变换皆保持不变.

由公理Ⅰ,Ⅱ,希尔伯特首先通过取世界函数 H 对引力势的变分并经适当变换后获得10个引力方程

$$K_{\mu v}-\frac{1}{2}g_{\mu v}K=T_{\mu v}\quad(\mu,v=1,2,3,4)\qquad(2)$$

可以证明,方程组(2)与爱因斯坦的广义协变引力场方程等价. 爱因斯坦是在同年11月25日发表其结果的,比希尔伯特晚了5天. 希尔伯特引力场方程的推导是完全独立地进行的. 不过两位学者之间并没有发生任何优先权的争论,希尔伯特把建立广义相对论的全部荣誉归于爱因斯坦,并在1915年颁发第三次鲍耶奖时主动推荐了爱因斯坦.

除了引力场方程,希尔伯特还同时导出了另一组电磁学方程(广义麦克思韦方程)

$$\frac{1}{\sqrt{g}}\sum_{k}\frac{\partial\sqrt{g}H^{kh}}{\partial x_{k}}=r^{h}\quad(h=1,2,3,4)$$

特别重要的是,在希尔伯特的推导中,电磁现象与引力现象被相互关联起来,前者是后者的自然结果,而在爱因斯坦的理论中,电磁方程与引力方程在逻辑上是完全独立的. 这样,希尔伯特以数学的抽象推理而预示了统一场论的发展. 他后来在《物理学基础,第二份报告》中进一步阐述了统一场论的设想. 沿着希尔伯特的路线前进而建立起第一个系统的统一场理论的是他的学生韦尔(规范不变几何学,1918). 而包括爱因斯坦在内的物理学家们对希尔伯特的思想最初却并不理解. 爱因斯坦1928年在反驳量子力学相容性的企图失败后转而寄厚望于一场论,并为此而付出了后半生的

精力. 统一场论至今仍是数学家和物理学家们热烈追求的目标.

数学基础(1917 年以后). 希尔伯特对数学基础的研究是他早期关于几何基础工作的自然延伸. 他在几何基础的研究中已将几何学的相容性归结为算术的相容性,这就使算术的相容性成为注意的中心. 1904 年,希尔伯特在海德堡召开的数学家大会上所作"论逻辑与算术的基础"(Über die Grundlagen der logik und Arithmetik)的讲演,表明了他从几何基础向一般数学基础的转移. 这篇讲演勾画了后来被称为"证明论"(Beweistheorie)的轮廓,但这一思想当时并未得到进一步贯彻,在随后十余年间,希尔伯特主要潜心于积分方程和物理学研究而把海德堡计划暂搁一边. 直到 1917 年左右,由于集合论悖论和直觉主义的发展日益紧迫地危及古典数学的已有成就,他又被迫回到数学基础的研究上来,这年 9 月,希尔伯特向苏黎世数学会做了题为"公理化思想"(Axiomatisches Denken)的讲演,再次公布了证明论的构想. 此后他又在一系列讲演和论文中明确展开了以证明论为核心的关于数学基础的所谓形式主义纲领.

按照希尔伯特的纲领,数学被形式化为一个系统,这个形式系统的对象包含了数学的与逻辑的两个方面,人们必须通过符号逻辑的方法来进行数学语句的公式表述,并用形式的程度表示推理:确定一个公式—确定这公式蕴涵另一个公式—再确定这第二个公式,依此类推,数学证明便由这样一条公式的链所构成. 在这里,从公式到公式的演绎过程不涉及公式的任何意义. 正如希尔伯特本人所说的那样,数学思维的对象就

是符号自身,一个命题是否真实,必须也只需看它是否是这样一串命题的最后一个,其中每一条命题或者是形式系统的一条公理,或者是根据推理法则而导出的命题. 同时,希尔伯特的形式化方法重点不在个别命题的真实性,而是整个系统的相容性. 这种把整个系统作为研究对象,着眼于整个系统相容性证明的研究,就叫作证明论或“元数学”(metamathematics)的研究.

形式化推理的进行要求保留排中律. 为此希尔伯特引进了所谓“超限公理”

$$A(\tau A) \rightarrow A(a)$$

其意思是:若谓词 A 适合于标准对象 τA,它就适合于每一个对象 a. 例如阿里斯提得斯(Aristides,古希腊政治家)是正直的代表,若此人被证明堕落,那就可以证明所有的人都堕落. 此处 τ 称为超限函子. 超限公理的应用保证了公式可以按三段论法则来进行演绎.

超限公理还使形式系统的相容性证明得到实质性缩减. 为要证明形式系统无矛盾,只要证明在该系统中不可能导出公式 $0 \neq 0$ 即可. 对此,希尔伯特方法的基本思想是:只使用普遍承认的有限性的证明方法,不能使用有争议的原则诸如超限归纳、选择公理等,不能涉及公式的无限多个结构性质或无限多个公式操作. 希尔伯特这种所谓的有限方法亦由超限公理加以保障:借助超限公理,可将形式系统的一切超限工具(包括全称量词、存在量词以及选择公理等)都归纳为一个超限函子 τ,然后系统地消去包含 τ 的所有环节,就不难回到有限观点.

希尔伯特的形式化观点是在同以 L. 布劳威尔(Brouwer)为代表的直觉主义针锋相对的争论中发展

的. 对直觉主义者来说,数学中重要的是真实性而不是相容性. 他们认为"一般人所接受的数学远远超出了可以判断其真实意义的范围",因而主张通过放弃一切真实性受到怀疑的概念和方法(包括无理数、超限数、排中律等)来摆脱数学的基础危机. 希尔伯特坚决反对这种"残缺不全"的数学,他说:"禁止数学家使用排中律就等于禁止天文学家使用望远镜和禁止拳击家使用拳头一样."与直觉主义为了保全真实性而牺牲部分数学财富的做法相反,希尔伯特则通过完全抽掉对象的真实意义、进而建立形式系统的相容性来挽救古典数学的整个体系. 希尔伯特对自己的纲领抱着十分乐观的态度,希望"一劳永逸地解决数学基础问题". 然而,1931 年奥地利数学家 K. 哥德尔(Gödel)证明了:任何一个足以包含实数算术的形式系统,必定存在一个不可判定的命题 S(即 S 与 $\sim S$ 皆成立). 这使形式主义的计划受到挫折. 一些数学家试图通过放宽对形式化的要求来确立形式系统的相容性. 例如 1936 年,希尔伯特的学生 G. 根岑(Gentzen)在允许使用超限归纳法的情况下证明了算术公理的相容性. 但希尔伯特原先的目标依然未能实现. 尽管如此,恰如哥德尔所说:希尔伯特的形式主义计划仍不失其重要性,它促进了 20 世纪数学基础研究的深化. 特别是,希尔伯特通过形式化第一次使数学证明本身成为数学研究的对象. 证明论已发展成标志着数理逻辑新面貌的富有成果的研究领域.

希尔伯特的形式主义观点,在他分别与其逻辑助手 W. 阿克曼(Ackermann)和 P. 贝尔奈斯(Bernays)合作的两部专著《数理逻辑基础》(Grundzüge der Theore-

tischen Logik, 1928）和《数学基础》（Grundlagen der Mathematik,1939）中得到了系统的陈述.

数学问题. C. 卡拉西奥多里（Caratheodory）曾引用过他直接听到的一位当代大数学家对希尔伯特说过的话:“你使得我们所有的人,都仅仅在思考你想让我们思考的问题”,这里指的是希尔伯特1900年在巴黎国际数学家大会上的著名讲演“数学问题”（Mathematische Probleme）. 这篇讲演也许比希尔伯特任何单项的成果都更加激起了普遍而热烈的关注. 希尔伯特在其中对各类数学问题的意义、源泉及研究方法发表了精辟见解,而整个讲演的核心部分则是他根据19世纪数学研究的成果与发展趋势而提出的23个问题,数学史上亦称之为“希尔伯特问题”. 这些问题涉及现代数学的大部分领域,它们的解决,对20世纪数学产生了持久的影响.

1. 连续统假设. 1963年,P. 科恩（Cohen）在下述意义下证明了第一问题不可解:即连续统假设的真伪不可能在策梅罗（Zermelo）－弗伦克尔（Fraenkel）公理系统内判明.

2. 算术公理的相容性. 1931年哥德尔“不完备定理”指出了用元数学证明算术公理相容性之不可行. 算术相容性问题至今尚未解决.

3. 两等底等高的四面体体积之相等. 这问题1900年即由希尔伯特的学生M. 德恩（Dehn）给出肯定解答,是希尔伯特诸问题最早获得解决者.

4. 直线作为两点间最短距离问题. 在构造各种特殊度量几何方面已有许多进展,但问题过于一般,未完全解决.

5. 不要定义群的函数的可微性假设的李群概念. 1952 年由 A. 格里森(Gleason)、D. 蒙哥马利(Montgomery)、L. 齐宾(Zippin)等人解决,答案是肯定的.

6. 物理公理的数学处理. 在量子力学、热力学等部分,公理化方法已获得很大成功. 概念论的公理化则由 A. H. 柯尔莫哥洛夫(Колмогоров,1933)等完成.

7. 某些数的无理性与超越性. 1934 年,A. O. 盖尔范德(Гелъфанд)和 T. 施奈德(Schneider)各自独立地解决了问题的后一半,即对任意代数数 $\alpha \neq 0, 1$ 和任意代数无理数 $\beta \neq 0$ 证明了 α^{β} 的超越性. 此结果 1966 年又被 A. 贝克(Baker)等大大推广.

8. 素数问题. 一般情形的黎曼猜想仍待解决. 哥德巴赫猜想目前最佳结果属于陈景润,但尚未最后解决.

9. 任意数域中最一般的互反律之证明. 已由高木贞治(Takagi Teiji)(1921)和阿廷(1927)解决.

10. 丢番图方程可解性的判别. 1970 年,Ю. H. 马蒂雅谢维奇(Матиясевич)证明了希尔伯特所期望的一般算法是不存在的.

11. 系数为任意代数数的二次型. H. 哈塞(Hasse,1929)和 C. L. 西格尔(Siegel,1951)在这问题上获得了重要结果.

12. 阿贝尔域上的克罗内克定理推广到任意代数有理域. 尚未解决.

13. 不可能用两个变数的函数解一般七次方程. 连续函数情形 1957 年由 B. 阿诺尔德(Арнолъд)否定解决,如果求解析函数则问题尚未解决.

14. 证明某类完全函数系的有限性. 1958 年永田雅宜(Nagata Masayosi)给出了否定解答.

15. 舒伯特计数演算的严格基础. 舒伯特演算的合理性尚待解决. 至于代数几何基础已由范德瓦尔登(van der Waerden,1940)与 A. 韦伊(Weil,1950)建立.

16. 代数曲线和曲面的拓扑. 问题前半部分近年来不断有重要结果,至于后半部分,И. Т. 彼得罗夫斯基(Петровский)曾声明他证明了 $n=2$ 时极限环个数不超过3. 这一结论是错误的,已由中国数学家指出(1979).

17. 正定形式的平方表示,已由阿廷解决(1926).

18. 由全等多面体构造空间. 带有基本域的群的个数的有限性已由 L. 比贝尔巴赫(Bieberbach,1910)证明;问题第二部分(是否存在不是运动群的基本域但经适当毗连可充满全空间的多面体)已由赖因哈特(Reinhardt,1928)和黑施(Heesch,1935)分别给出三维和二维情形的例子.

19. 正则变分问题的解是否一定解析. 问题在下述意义下已解决:С. 伯恩斯坦(Вернщтейн,1904)证明了一个变元的解析非线性椭圆方程其解必定解析. 此结果后又被推广到多变元和椭圆组的情形.

20. 一般边值问题. 偏微分方程边值问题的研究正在蓬勃发展.

21. 具有给定单值群的线性微分方程的存在性,已由希尔伯特本人(1905)和 H. 勒尔(Röhrl,1957)解决.

22. 解析关系的单值比. 一个变数情形已由 P. 克贝(Koebe,1907)解决.

23. 变分法的进一步发展.

希尔伯特无疑是属于20世纪最伟大的数学家之列. 他生前即已享有很高声誉. 1910年获匈牙利科学

院第二次波尔约奖(该奖第一次得主是庞加莱);从1902 年起一直担任有影响的德国《数学年刊》(Mathematische Annalen)主编;他是许多国家科学院的荣誉院士. 德国政府授予他“枢密顾问”称号.

希尔伯特同时是一位杰出的教师,他在这方面与不喜欢教书的高斯有很大的不同. 希尔伯特讲课简练、自然,向学生展示“活”的数学. 他乐于同学生交往,常常带着他们在课余长时间散步,在融洽的气氛中切磋数学. 希尔伯特并不特别看重学生的天赋,而强调李希登堡(Lichtenberg)的名言“天才就是勤奋”. 对学生们来说,希尔伯特不像克莱因那样是“远在云端的神”,在他们的心目中,“希尔伯特就像一位穿杂色衣服的风笛手,用甜蜜的笛声引诱一大群老鼠跟着他走进数学的深河”. 这位平易近人的教授周围,聚集起一批有才华的青年. 仅在希尔伯特直接指导下获博士学位的学生就有 69 位,他们不少人后来成为卓有贡献的数学家,其中包括 H. 外尔(Weyl,1908)、R. 柯朗(Courant,1910)、E. 施密特(Schmidt,1905)和 O. 布鲁门萨尔(Blumenthal,1898)等(详细名单及学位论文目录参见[1]). 曾在希尔伯特身边学习、工作或访问而受到他的教诲的数学家更是不计其数,最著名的有埃米·诺特(Emmy Noether)、冯·诺依曼(von Neumann)、高木贞治、C. 卡拉西奥多里(Caratheodory)、E. 策梅罗(Zermelo)等.

希尔伯特的学术成就、教学活动以及其个性风格,使他成为一个强大的学派的领头人. 20 世纪初的 30 年间,格丁根成为名副其实的国际数学中心. 韦尔后来回忆当年格丁根盛况时指出:希尔伯特“对整整一代

学生所产生的如此强大和神奇的影响,在数学史上是罕见的”.“在像格丁根那样的小城镇中的大学,特别是在1914年前平静美好的日子里,是发展科学学派的有利场所,……一旦一帮学生围绕着希尔伯特,不被杂务所打扰而专门从事研究,他们怎能不相互激励…….在形成科学研究这种凝聚点时,有着一种雪球效应.”

然而,在第二次世界大战中,希尔伯特的学派不幸遭到打击.他的大部分学生在法西斯政治迫害下纷纷逃离德国.希尔伯特本人因年迈未能离去,在极其孤寂的气氛下度过了生命的最后岁月.1943年希尔伯特因摔伤引起的各种并发症而与世长辞.葬礼极为简单,他的云散异国的学生都未能参加,他们很晚才获悉噩耗.战争阻碍了对这位当代数学大师的及时悼念.

希尔伯特学派的成员后来纷纷发表文章和演说,论述希尔伯特的影响.外尔认为:“我们这一代数学家还没有能达到与他相比的崇高形象.”除了具体的学术成就,希尔伯特培育、提倡的格丁根数学传统,也已成为全世界数学家的共同财富:希尔伯特寻求“精通单个具体问题与形成一般抽象概念之间的平衡”.他指出数学研究中问题的重要性,认为“只要一门科学分支能提出大量的问题,它就充满着生命力,而问题缺乏则预示着独立发展的衰亡或中止”.这正是他在巴黎提出前述23个问题的主要动机;希尔伯特强调数学的统一性——“数学科学是一个不可分割的有机整体,它的生命力正是在于各个部分之间的联系.……数学理论越是向前发展,它的结构就变得越加调和一致,并且这门科学一向相互隔绝的分支之间也会显露出原先意想不到的关系”,“数学的有机的统一,是这门科学固有的特点”；希尔伯特将思维与经验之间“反复出现的相互作用”看作数学进步的动力. 因此，诚如柯朗所说：“希尔伯特以他感人的榜样向我们证明：……在纯粹和应用数学之间不存在鸿沟，数学和科学总体之间，能够建立起果实丰满的结合体.”

卡拉西奥多里指出：“指导希尔伯特一生的最高准则是绝对的正直和诚实.”这种正直、诚实，不仅表现在科学活动上，而且表现在对待社会和政治问题的态度上. 希尔伯特憎恶一切政治的、种族的和传统的偏见，并敢于挺身抗争. 第一次世界大战初，他冒着极大的风险，拒绝在德国政府起草的为帝国主义战争辩护的“宣言”上签名，并表示不相信其中编造的事实是“真的”；战争期间，他又勇敢地发表悼词，悼念交战国法国的数学家 G. 达布（Darboux）的逝世；他曾力排众议，为女数学家埃米 · 诺特争取当讲师的权利，而不顾当局不让女性任职的惯例；他对希特勒的排犹运动也表示了极大的愤慨.

希尔伯特出生于康德之城，是在康德哲学的熏陶下成长的. 他对这位同乡怀有敬慕之情，却没有让自己变成其不可和在论的殉道者. 相反，希尔伯特对于人类的理性，无论在认识自然还是社会方面，都抱着一种乐观主义. 在巴黎讲演中，希尔伯特表述了任何数学问题都可以得到解决的信念，认为“在数学中没有 ignorabimus（不可知）”. 1930 年，在柯尼斯堡自然科学家大会上，希尔伯特被他出生的城市授予荣誉市民称号. 在题为“自然的认识与逻辑”的致辞中，他批判了“堕入倒退与不毛的怀疑主义”，并在演说结尾坚定地宣称：“Wir müssen wissen. Wir werden wissen!”（我们必须知

道,我们必将知道!)柯朗在格丁根纪念希尔伯特诞生100周年的演说中指出:“希尔伯特那有感染力的乐观主义,即使到今天也在数学中保持着他的生命力.唯有希尔伯特的精神,才会引导数学继往开来.不断成功.”

参考文献

[1] ARTIN E. Uber die Zerlegung definiter Funktionen in Quadrate[J]. Abh. Math. Sem. Ham,1927(5):100-115.

[2] SCHREIER O. Algebraische Konstruktion reeller Korper[J]. Abh. Math. Sem. Ham, 1927(5):85-99.

[3] BECKER E, SPITZLEV K J. Zum Satz von Artin-Schreier uber die Eindeutigkeit des reellen Abschlusses eines angeordneten Korpers[J]. Comm. Math. Helv,1975(50):81-87.

[4] BOCHNAK J. Sur le 17 Probleme de Hilbert pour les fonctions de Nash[J]. Sem. Lelong, annee, 1976(17):1-14.

[5] BOCHNAK J, COSTE M, ROY MF. Geometrie algebrique reelle[M]. New York:Springer-Verlag, 1987.

[6] BROCKER L. Positivbereiche in kommutativon Ringen[J]. Abh. Math. Sem. Ham, 1982(52):170-178.

[7] CASSELS J W S. On the representation of rationalfunctions as sums of squares[J]. Acta. Arith, 1964(9):79-82.

[8] ELLISON W J, PFISTER A. On sums of squares and on elliptic curves over function fields[J].

Number Theory, 1971(3):125-149.

[9] CHERLIN G L, DICKMANN M A. Anneaux reelsclos et anneaux des fonctions continues[J]. C. R,1980(290):1-4.

[10] CHOI M D. Positive semidefinite biquadratic forms Lin[J]. Alg. Appl, 1975(12):95-100.

[11] LAM T Y. Extremal positive semidefinite forms[J]. Math. Ann, 1977(231):1-18.

[12] DICKMANN M A. On Polynomials over real closed rings Lect[J]. Notes Math, 1980(834):117-135.

[13] DICKMANN M A. Applications of Model Theory to real algebraic Geomeiry Lect[J]. Notes Math, 1985(1130):76-150.

[14] DJOKOVIC D Z. Positive semidefinite matrices as sums of squares[J]. Lin. Alg. Appl, 1976(14):37-40.

[15] DUBOIS D W. A Nullstellensatz for ordered fields[J]. Ark. fur Math, 1969(8):111-114.

[16] DUBOIS D W. Note on Artin's solution of Hilbert's 17th Problem[J]. Bull, AMS, 1967(73):540-541.

[17] EFROYMOSON G. Algebraic Theory of real Varieties[J]. I. Taiwan Unic. 1970(63):107-135.

[18] GONDARD D, RIBENBOIM P. Fonctions definites positives sur les varietes reelles[J]. Eull. Sc. math, 1974(98):39-47.

[19] LE GONDARD D. Probleme de Hilbert pour les matrices[J]. Bull. Sc. math,1974(98):49-56.

[20] HILERT D. Uber die Darstellung definiter Formen als Summe von Formenquadraten[J]. Math. Ann,1888(32):342-360.

[21] HILERT D. Uber ternare definite Formen[J]. Acta Math, 1893(17):169-197.

[22] LAM T Y. The algebraic Theory of Quadratic Forms[M]. New York:Benjamin-Cummings Pub. Co, 1973.

[23] LAM T Y. The Theory of ordered Fields, Ring Theory and Algebra[J]. Ⅲ, M. Dekker,1980(52):1-152.

[24] LAM T Y. An Introduction to Real Algebra[J]. Rocky Mount. J. Math, 1984(14):767-814.

[25] LANG S. On quasi algebraic closure[J]. Ann. Math, 1952(55):373-390.

[26] LANG S. The Theory of real Places[J]. Ann. Math, 1953(57):378-391.

[27] LANG S. Algebra[M]. New York:Addison-Wesley Pub. Co, 1971.

[28] MCKENNA K. New facts about Hilbert's 17 – th problem[J]. Lect. Notes Math, 1975 (498): 220-230.

[29] MOTZKIN T S. The arithmetic-geometrtic inequality [J]. Inequalities (O. Shisha ed), Acad. Press, 1967(111):205-224.

[30] PFISTER A. Multiplicative quadratische Formen[J]. Arch. Math, 1965(16):363-370.

[31] PFISTE R. Zur Darstellung definiter Funktionen

als Summe von Quadraten [J]. Invent. Math, 1967(4):229-236.

[32] PRESTEL A. Sums of squares over fields [J]. Soc. Brasil Mat, 1979(12):33-44.

[33] PFISTER A. Lectures on formally real fields [M]. New York: Lect. Notes Math. Springer-verlag, 1984.

[34] RIBENBOIM P L. Arithmetique des corps [M]. Paris: Hermann, 1972.

[35] RISLER J J. Une caracterization des ideaux des-varietes algebriques reelles [J]. C. R. Acad. Sc. Paris, 1970(271):1171-1173.

[36] ROBINSON A. On ordered fields and definite functions [J]. Math. Ann, 1955(130): 257-271.

[37] ROBIN SON A. Further remarks on ordered fields and definite functions [J]. Math Ann, 1956(271):405-409.

[38] STENGLE G. A Nullstellensatz and a Positivstellensatz in semialgebraic geometry [J]. Math. Ann, 1974(207):87-97.

[39] TSEN C C. Zur Stufentheorie derquasialgebraisch Abgeschlossenheit kommutativer Korper [J]. Jour. Chin. Math. Soc, 1936(1):81-92.

[40] ZARISKI O, SAMUEL P. Commutative Algeb ra [M]. New York: D. Van Nostrand Co. Inc, 1960.

[41] Zeng Guangxin. A new proof of a theorem of Mc-

kenna[J]. Proc. Amer. Math. Soc,1988(102):827-830.

[42] ZENG GUANGXIN. A characterization of preordered fields with the weak Hilbert property[J]. Proc. Amer. Math. Soc, 1988(104):335-342.

[43] 王有强,戴执中. 关于对称矩阵的希尔伯特第十七问题[J]. 江西科学,1983(9):1-4.

[44] 曾广兴. 带核实域上的正定矩阵[J]. 江西大学学报,1987(11-3):76-82.

[45] 曾广兴. 带核实域上的正定函数[J]. 数学进展,1988(17):285-289.

[46] 曾广兴. 带核实赋值环上的多项式[J]. 数学学报,1988(31-5):634-644.

[47] 曾广兴. 具有弱希尔伯特性质的域之赋值刻画[J]. 数学学报,1989(32-5):690-701.

[48] 戴执中. 希尔伯特第十七问题[J]. 江西大学学报,1985(9-3):31-42.

[49] 戴执中. 域论[M]. 北京:高等教育出版社,1990.

编辑手记

美国作家安妮·迪拉德(Annie Dillard)曾在29岁便获得了普利策奖.她曾写道:因为我们所处的时代格外重要,所以我们这一代人也跟着重要起来——是这样吗?不,我们这一代人平凡无奇,我们的时代也并不重要.我们的时代和以往的时代没有什么不同,都是生活的切片而已.可有谁能够接受这个说法,又有谁愿意思考这一点呢?……永无止境的平凡庸常,而我们的时代不过是其中一段.

正因如此我们才应该对历代的大师们以及他们的成就抱以敬畏之心.

上海东亚研究所所长章念驰近日在谈及祖父章太炎时说:

"大师以后没有大师,大树底下长不出大树.一棵大树底下,多少个时代,都再也长不出一棵大树,余荫之下不出大树.所以我们后辈都是一些庸才而已.”

这是一本介绍希尔伯特第十七问题的书.希尔伯特是世界公认的国际数学界领袖人物,他是20世纪及以后很长一个时期数学发展方向的舵手.拉克斯和阿廷也是大家所熟知的,特别是阿廷.现代数学的许多概念都联系着阿廷的名字,如阿廷模、阿廷猜想、阿廷符号、阿廷 L 函数等.

有人说:什么叫大家、大师、master,就是这件事情,他不做,人家不晓得,他一动手,人家都恍然:哦,原来可以这样弄啊.就像马尔克斯读到博尔赫斯,感慨:哦,原来文章可以这样写啊.

阿廷在代数、群论、数论、几何、拓扑、复变函数论、特殊函数论等方面都有重要的贡献.他导出关于一种新型的 L 级数的函数方程,证明了任意数域中的一般互反律;探讨了关于每个域的理想成为其绝对类域中的主理想的希尔伯特假设,解决了希尔伯特的定义函数问题;推广了结合环代数理论;对右理想引入了带着极小条件的环,称为阿廷环,为有理数域上的半单代数的算术建立了一个新的基础和扩张.但本书并不想对具体数学定理及理论着墨过多,而是想从一道IMO试题入手使读者了解一些近代理论.

莫言在2012年诺贝尔奖颁奖仪式上致辞说:“文学和科学比确实没有什么用处,但是它的没有用处正是它伟大的用处.”

本书这些内容既艰深复杂又对目前所有各类考试都无帮助.但我们坚信它既有价值又会吸引到一些特殊读者.

北京电影学院教授崔卫平在一篇文章中写道:

“什么样的东西更容易吸引我呢?简单地说,就

是复杂的东西,再简单地说,就是晦涩的东西,更简单地说,就是看不懂的东西.”

从商业的角度看,本书毫无价值,但从数学的角度看它又很有价值.取舍之间全在于出版者的价值判断及个人喜好.笔者对于IMO及希尔伯特喜爱有加,二者合一更甚.出版家郑振铎曾说:“余素志恬淡,于人世间名利,视之篾如.独于书,则每具患得患失之心.得之,往往大喜数日,如大将之克名城;失之,则每形之梦寐,耿耿不忘者数月数年.”

本书后半部最早是由戴执中教授1982~1987年的讲稿发展而成,后经曾广兴补充而成,曾于1990年由江西教育出版社出版过单行本.转眼27年过去了,中国的读书环境以及出版者的志趣都发生了很大的变化.如今只能是如笔者般的中老年读者感兴趣.

香港作者马家辉自我感觉尚年轻.2012年2月,他与同为1963年出生的台湾作家杨照(笔者也生于1963年),长居深圳的河北作家胡洪侠合集出版了两本书,《对照记@1963》和《我们仨@1963》销量极佳,但在签售会上,一些同为1963年出生的“老先生”和“老太太”的读者凑身过来,看到他们的残败与老气,马家辉才想到自己在别人眼中的样子,“有黯然下泪的冲动”.

中年还在看书的人,大多应该事业有成,所以本书价贵一些尚可接受.

史上最贵图书——奥杜邦的《美国鸟类》曾于2010年拍出1 150万美元.2012年初,仅存119本中另一本在纽约拍出790万美元,成为第五本史上最贵图书进入排行前十.

古旧图书定价因人而异,有些奇高,本书旧版在孔夫子网上没有几本,也是待价而沽.此次改变模样再版也是想平抑一下过高的售价,让有同好的读者以一个合理的价格购到.其实更为重要的一点是希望通过再版,使数学文化薪火长存.

曾事无巨细地记录过草纸的生产过程的老普林尼说:

“若无书籍,文明必死,短命如人生”([荷兰] H. L. 皮纳著,康慨译.古典时期的图书世界.浙江大学出版社,2011 版)谁都不愿生活在无书的世界里.

费兰西斯·培根说:“读书足以怡情,足以傅彩,足以长才.”现在,我们还可以加一句:读书足以长寿.在耶鲁大学一项历时 12 年的研究中显示,50 岁以上的读书人比不读书的人多活两年,去世的风险降低 20%.

美国佩斯大学出版系教授练小川介绍说:耶鲁大学公共卫生学院三位科学家在刊登于 2016 年 9 月的《社会科学与医学》(*Social Science and Medicine*)的论文《一天一章:读书与长寿的关系》(*A chapter a day: Association of book reading with longevity*)中指出读书可以使人长寿.

三位耶鲁科学家的研究对象来自密歇根大学社会研究所的“健康与退休研究”(Health and Retirement Study).“健康与退休研究”项目始于 1992 年,调查 50 岁以上美国人的健康和经济状况,是美国老年人研究的权威数据来源.2001 年,受访者回答了两个关于阅读行为的问题:“上周你实际用了多少小时阅读图书?”“上周你实际用了多少小时阅读报纸或杂志?”

三位耶鲁科学家的研究以上述调查为基础,来证明他们的一个假设:读书可以延年益寿.他们将3 635 名受访者按阅读图书和阅读报刊各分为 3 组:不读书者、每周读书 3.5 小时者、每周读书 3.5 小时以上者;每周读报刊 2 小时以内者、每周读报刊 2 ~7 小时以内者、每周读报刊 7 小时以上者.

从2001年开始,三位耶鲁科学家跟踪每组对象.在跟踪的12年间,33%的不读书者去世了,而读书者去世的比例是27%.具体来说,与不读书的人相比,12年里,每周读书3.5小时以内的人,去世的可能性降低了17%.每周读书3.5小时以上的人,去世的可能性降低了23%.

三位科学家又将所有的图书读者合为一组,与非读者比较,看各组多长时间里有20%的成员去世.从2001年开始计算(受访者均50岁以上),非读者组,85个月(7.08年)后有20%的人去世;而读者组,108个月(9.00年)后有20%的人去世.也就是说,读书这项活动给读者提供了23个月的生存优势(survival advantage).研究结果还显示,读书带来的生存优势不受读者的性别、财富水平、教育程度和健康状况等因素的影响.无论是否富有,教育程度高低,只要读书,都能增加读者的生存优势.

为何读书可以增加"生存优势"?科学家解释说,读书涉及大脑认知的两个过程.第一个是深度阅读,这是一个缓慢、沉浸式的过程.读者将所读内容与书中其他部分联系起来,并应用到外部世界,还会随时随地对图书内容提出各种问题.第二,读书可以增强读者的同情心、社会认知和情感智力,这些认知过程有助于精神健康、减轻精神压力,因此提升了读者的生存能力.

耶鲁大学的研究结果也显示,读书比读报刊获得的生存优势更大,因为图书的主题、人物和话题更深刻更广阔,调用更多的大脑认知功能.不过,阅读报刊者也比非读者有优势:前者的去世可能性降低了11%,但是他们每周阅读报刊的时间必须超过7个小时才有此效果.报刊组受访者每周平均阅读报刊6.10小时,图书组每周平均读书3.92小时.耶鲁科学家认为,老年人应该增加读书的时间.根据美国劳工统计局数据,

2014 年,美国 65 岁以上老年人每天平均看电视 4.4 个小时. 如果鼓励他们多花时间读书,少看电视,可以提高这组人群的寿命.

2009 年,美国艺术基金会一项调查显示,87%的读者阅读的是小说. 因此,耶鲁科学家认为,他们的调查对象里多数人倾向于阅读小说. 电子书和有声书、不同类型的小说以及非虚构类图书是否也能增加读者的生存优势,这是未来的研究需要讨论的课题.

读书不仅可以提供有趣的思想、故事和人物,也能延年益寿,让读者有更多的时间继续读书.

目前中国举国上下皆大力提倡创新,但不全面了解前人已有的成果就谈不上创新. 傅雷认为石涛是 600 年来天赋最高的画家,他说:“其实宋元功力极深,不从古典中‘泡’过来的人空言创新,徒见其不知天高地厚而已”.

所以要真创新而不是伪创新!

刘培杰
2017 年 6 月 1 日
于哈工大